可持续发展的现代制浆造纸技术探究

邵志勇　著

中国纺织出版社

内容简介

在可持续发展的角度，对现代制浆造纸技术进行了系统的探究和分析。主要内容包括：绪论、造纸植物纤维原料和纸浆的化学成分分析、制浆技术和设备、纸浆处理技术、纸页成形和气流成形技术、废纸纸浆可持续发展的技术、制浆造纸末端废水处理技术、制浆造纸固体废弃物资源化利用技术。本书可作为高等院校制浆造纸相关专业的参考用书，也可供制浆造纸领域的相关科研和工程技术人员参考使用。

图书在版编目（CIP）数据

可持续发展的现代制浆造纸技术探究／邵志勇著
. -- 北京：中国纺织出版社，2019.1（2022.1 重印）
ISBN 978 - 7 - 5180 - 3939 - 5

Ⅰ.①可… Ⅱ.①邵… Ⅲ.①制浆造纸工业 - 可持续
性发展—研究 Ⅳ.①TS7

中国版本图书馆 CIP 数据核字（2017）第 204774 号

责任编辑：武洋洋　　责任印制：储志伟

中国纺织出版社出版发行
地址：北京市朝阳区百子湾东里 A407 号楼　邮政编码：100124
销售电话：010 - 67004422　传真：010 - 87155801
http：//www. c - textilep. com
E - mail：faxing@ c - textilep. com
中国纺织出版社天猫旗舰店
官方微博 http：//www. weibo. com/2119887771
北京市金木堂数码科技有限公司印刷　　　各地新华书店经销
2019 年 1 月第 1 版　　　　2022年1月第8次印刷
开本：710×1000　1/16　印张：14.625
字数：250 千字　定价：88.00 元

前　言

近几十年，造纸工程技术和装备水平取得了长足的发展，新技术和工艺不断涌现造就了造纸工业的繁荣。在行业空前繁荣之时，造纸工业也迎来了挑战。21世纪以来，随着世界各国对环境问题的认识不断加深，人们对工业生产的碳排放量、废水排放的环保要求越来越高。在这样的背景下，造纸工业面临着可持续发展的变革，不符合环保要求的造纸企业将会被淘汰。特别是党的十九大报告明确提出"建立健全绿色纸碳循环发展的经济体系"，各行各业必将践行绿色、循环、低碳的可持续发展路线。造纸工业作为国家轻工业的重要组成部分，必然会紧跟党的方针路线，顺应国家经济的发展趋势，朝着可持续发展的方向迈进。

本书深入探讨了可持续发展的现代制浆造纸技术，共分为8章。第1章介绍了造纸术的发展史、我国造纸工业现状、造纸工业在国民经济建设中的地位和作用、造纸原理与工程问题的内涵与解析、我国造纸工业绿色发展的主要制约因素、目前我国造纸工业绿色发展中存在的困惑、我国造纸工业可持续发展现状等方面的内容。第2章讨论了造纸植物纤维原料和纸浆的化学成分分析，内容包括造纸植物纤维原料的生物结构与纤维形态观察、分析用试样的采取、灰分及酸不溶灰分含量的测定、抽出物含量的测定、纤维素和综纤维素含量的测定，以及聚戊糖含量的测定。第3章介绍了现代制浆技术和设备，内容包括打浆理论探索、打浆工艺、打浆设备和打浆系统的控制。第4章阐述了纸浆处理技术，包括纸浆的洗涤技术、纸浆的净化技术和纸浆的漂白技术。第5章讨论了纸页成形和气流成形技术，内容包括纸页成形技术和气流成形技术。第6章研究了废纸纸浆可持续发展的技术，内容包括废纸制浆可推广的经济可行技术、废纸制浆需发展的经济可行技术。第7章探讨了制浆造纸末端废水处理技术，内容包括制浆造纸废水的来源及特点、末端废水可推广的可行最佳技术和末端废水需要完善的可行最佳技术等方面。第8章探讨研究了制浆造纸固体废弃物资源化利用技术，内容包括制浆造纸固体废弃物资源化利用的经济可行最佳技术、制浆造纸固体废弃物资源化利用需完善的先进技术。总的来说，本书例证丰富、论述详实，在阐述新技术的同时注重联系行业生产实际，紧贴行业应用的前沿，值得相关专业的师生参考学习和生产一线的技术人员研读。

需要说明的是，在撰写本书的过程中，作者得到了诸多同行专家学者的帮助，参考了许多国内外的相关学术文献与资料，并在书中引用相关重要的结论和图表，在此特表示衷心的感谢。此外，应当指出，本书出版过程中，经历了多次修改，然而限于作者水平，书中难免存在不足之处，恳请同行专家学者和广大读者予以批评指正。

作者

2018 年 8 月

目　录

第1章　绪　论 ·· 1

1.1　造纸术的发展史 ··· 1

1.2　我国造纸工业现状 ·· 4

1.3　造纸工业在国民经济建设中的地位和作用 ·············· 9

1.4　造纸原理与工程问题的内涵与解析 ····················· 10

1.5　我国造纸工业绿色发展的主要制约因素 ··············· 13

1.6　目前我国造纸工业绿色发展中存在的困惑 ············ 15

1.7　我国造纸工业可持续发展现状 ·························· 16

第2章　造纸植物纤维原料和纸浆的化学成分分析 ········· 19

2.1　造纸植物纤维原料的生物结构与纤维形态观察 ······· 19

2.2　分析用试样的采取 ·· 31

2.3　灰分及酸不溶灰分含量的测定 ·························· 34

2.4　抽出物含量的测定 ·· 39

2.5　纤维素和综纤维素含量的测定 ·························· 48

2.6　聚戊糖含量的测定 ·· 54

第3章　现代制浆技术和设备 ·· 61

3.1　打浆理论探索 ·· 61

3.2　打浆设备 ··· 71

3.3　打浆工艺 ··· 75

3.4　打浆系统的控制 ·· 83

第4章　纸浆处理技术 ·· 87

4.1　纸浆的洗涤技术 ·· 87

4.2　纸浆的净化技术 ·· 95

4.3　纸浆的漂白技术 ·· 103

第 5 章　纸页成形和气流成形技术 ················· 120

5.1　纸页成形技术 ··················· 120

5.2　气流成形技术 ··················· 151

第 6 章　废纸纸浆可持续发展的技术 ················· 158

6.1　废纸制浆可推广的经济可行技术 ··················· 158

6.2　废纸制浆需发展的经济可行技术 ··················· 179

第 7 章　制浆造纸末端废水处理技术 ················· 185

7.1　制浆造纸废水的来源及特点 ··················· 185

7.2　末端废水可推广的可行最佳技术 ··················· 189

7.3　末端废水需要完善的可行最佳技术 ··················· 191

第 8 章　制浆造纸固体废弃物资源化利用技术 ················· 197

8.1　制浆造纸固体废弃物资源化利用的经济可行最佳技术 ········ 197

8.2　制浆造纸固体废弃物资源化利用需完善的先进技术 ·········· 219

参考文献 ····················· 222

第 1 章　绪论

在人类历史上，基于我国先人智慧的发明创造为世界文明的发展起到了无比重要的推动作用。在这些智慧的闪光点中，让整个世界都为之震撼的当属我国的"四大发明"，即造纸术、印刷术、火药、指南针。就其社会影响而言，恐怕任何其他古代发明都不能与其比拟。在这"四大发明"中，纸和印刷术的出现改变了世界文明发展的进程。正如英国 17 世纪的学者培根（Francis Bacon，1569—1626）在《新工具》（*Novum Organum*，1620）一书中所说："已经改变了整个世界的面貌和事物的状态，第一种发明表现在学术方面……从这里又引起无数的变化，以致任何帝国、任何宗教、任何名人在人事方面似乎都不及这些机械发明更有力量和影响。"

1.1　造纸术的发展史

人类文明的开端源于文字的创造，迄今已有 5000 多年的历史，而人类文明的传播与发展又得益于文字记录的载体，因此承载人类思想文明的文字载体就显示出了非凡的重要性。我国古代经历了甲骨刻文、青铜铸字、简牍成册和绢帛书卷等漫长的过程，最终由东汉蔡伦发明了最为实用的书写载体——纸。与古代其他的书写材料相比，纸具有无可比拟的优越性。可以说，纸的出现是人类文字载体发展史中一个划时代的里程碑。

1.1.1　造纸术的起源

纸的出现绝不是偶然事件，在古代社会，人们使用绢帛书卷记录历史的进程，随着历史车轮地滚滚前行，已远远不能满足其要求。对新的书写载体的迫切需要，使得我国古人借助自己的劳动智慧创造了造纸术，随即其渐渐在世界范围内传播开来。我国古代最早使用的造纸原料是破麻布（大麻和苎麻织造），后来用楮皮，这些都是我国本土的植物资源，可以说从北到南，取之不尽。事实上，其他国家虽然没有大麻和楮树，但还是有可以用来造纸的其他纤维植物资源，那么为什么造纸术会起源于古代中国呢？这和当时的社会、经济、文化、教育和技术背景是分不开的。

公元前几世纪，除却我国的几个重要的文明起源国家大部分都处在奴隶制的社会统治之下，而据史料考察，从战国起我国就已经从奴隶制转化为封建制社会了。在奴隶制的社会背景下，上层统治阶级一心只想掠夺财富，扩大国家版图，而处于下层的广大奴隶和平民几乎都是文盲，这使得没有人关心新型文明的创造与发展，所有人只看得到自己的利益。在当时的奴隶制社会，人们使用的书写材料基本可以满足其需要，新材料没有合适的时机被发明创造；而我国古代，相较其他奴隶制国家来说，相对稳定繁荣，极大地促进了文明的发展，对书写材料的要求较高，新型材料的创造迫在眉睫。这说明了，在当时的历史环境下，相比较奴隶制社会，封建制社会有更大的可能和机会发明造纸术，这不仅决定了造纸术发明的起源地，还决定了造纸术的发明时间。

造纸术的起源时间一直争论不断。以曹魏时的张揖（190—245 在世）和刘宋人范晔（379—445）为代表，认为纸是东汉宦官蔡伦（63—121）于元兴元年（105）发明的；而唐代人张怀瓘（686—758 在世）和宋代人史绳祖（1204—1278 在世）则认为在西汉初已经有"纸"的存在，东汉的蔡伦是改良者，不能算作发明者。在近现代的考古工作中可以看到，西汉已经出现有可以被现代概念定义的"纸"，即其原料是植物纤维。西汉造纸说有文献和实物证据，从历史发展的观点分析也是言之有理的。

1.1.2 造纸术的发展

造纸术无疑是人类文明发展中的一个巨大飞跃。我国在造纸术发明之后，又通过各种渠道和途径将其向世界传播，实现文明成果共享，见表 1 – 1 – 1.

表 1 – 1 – 1   造纸历史法发展大事记

年代（公元）	记事
105 年	我国东汉蔡伦发明造纸术
628—907 年	我国手工纸施胶与染色问世
610—625 年	造纸术东传高丽及日本
715 年	造纸术西传小亚细亚

793 年	阿拉伯第一座手工纸作坊在巴格达建成。继而传遍欧洲各国
1495 年	英国 Hertfordshire 建成手工纸作坊
1637 年	《天工开物》载入造纸术工艺
1680 年	荷兰式打浆机发明问世
1690 年	美国在宾夕法尼亚州建成手工纸作坊
1774 年	含氯化合物用于纸浆漂白
1798 年	长网造纸机雏形问世
1807 年	长网造纸机在法国问世
1809 年	圆网造纸机在英国问世
1840 年	德国首创用机械方法处理木材制浆造纸，并在 1870 年投入商业运行，生产首批磨木浆
1854 年	英国首创烧碱法制浆
1874 年	瑞典及德国开始采用亚硫酸盐法制浆
1875 年	涂布技术问世
1884 年	硫酸盐法制浆在德国问世
1920 年	长网纸机最高车速达 320 m/min
1920 年—	制浆造纸技术飞速发展，其间主要技术成就有：化学品回收技术，连续蒸煮，连续漂白，连续打浆，夹网造纸机等。近代造纸机最高车速已达到 1500 ~ 2000 m/min，卫生纸机车速已高达 2500 m/min 以上

现代造纸术对比《天工开物》记载的古法造纸发生了翻天覆地的变化，装备水平和工艺流程进步巨大，但是其核心精髓和古法造纸大同小异，是对古法造纸内涵的继承和发展。

1.1.3　造纸术的传播

受地理位置的因素影响，我国的造纸术最先传播到的国家是相邻的朝鲜和日本。中、日、朝三国同属亚洲东部，在文化、科学等交流上十分频繁。且朝鲜和日本崇尚使用汉字，因此朝鲜和日本对造纸术的发展要早于其他国家。在沿用我国造纸工艺流程模式的基础之上，造纸术传入朝鲜和日本后，两国都根据自己国家的实际情况，对造纸术的工艺流程、操作技术和原料加工方法做了相应的调整和改善。可以说，朝鲜和日本的纸张是中国纸张传入两国后变异的产物，如李圭景所说："倭纸稍如我纸。"

公元前 2 世纪开始，陆路的丝绸之路一直是中国与中亚、西亚各国之间重要的贸易通道。早在汉晋时期，我国所生产的纸张就跟随丝绸一起从甘肃、新疆一带转运到西方国家。唐代以后，尤其是开元盛世时期，中西方在文化、经济、交通等方面的来往十分频繁，我国除陆路以外，还通过海上运输与印度洋、波斯湾、红海和地中海沿岸的一些国家进行贸易往来。公元 793 年，阿拉伯人在巴格达建立起第一座手工造纸作坊，从此，我国造纸术造世界范围内传播开来。

各国对我国先进的造纸技术十分感兴趣，想要学为己用。例如，阿拉伯人在发现纸是当时最先进的书写材料后，便一直想要从我国招工传艺，但是因为路途遥远，未能成功。直到 8 世纪中期，我国的造纸技工作为一次军事冲突的战俘被迫前去传授技术。

随着时间的推移，由我国传入各国的造纸术都经过自己国家实际需要的改良，发展出更加先进的造纸方法。值得一提的是，不论是现代造纸工艺，还是古法造纸术，都是来源于我国古代劳动人民的智慧结晶，这是值得今人好好学习和借鉴的优秀经验。

1.2 我国造纸工业现状

1.2.1 我国造纸工业对环境的污染状况

现代社会工业对环境的污染主要有三个方面，废水、废气、废固的排放，对于我国的造纸工业来说，以废水排放对环境的污染最严重。下面分别来叙述"三废"的排放情况。

1. 我国造纸工业废水的排放情况

在制浆造纸的过程中，会产生大量带有污染物的废水，如备料废水、漂白废液、蒸煮废水和抄纸白水等。在这些污染物中存在可降解或难以降级的有机物、具有毒性或酸碱性的物质和一些有色物质等。造纸工业废水之所以对环境污染严重，是因为以下三点。

（1）我国现在依旧多采用用水量大的湿法低浓造纸工艺生产纸张，造成大量废水排放。

（2）当下先进的浆料漂白技术无法在一些小规模的非木浆造纸厂得到应用，并且先进的碱回收技术因为纤维自身特点也很难大范围推广。

（3）治理废水的成本投入较高，会造成生产厂家的经济效益低下，况且工业废水也很难得到有效治理。

下图中显示了 2003 年到 2012 年我国造纸工业废水排放变化曲线。

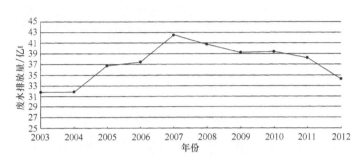

图 1 - 2 - 1　2003—2012 年废水排放趋势图

由上图可以看出，虽然废水的排放仍旧是我国造纸业对环境的主要污染源，但是在近年来的有效治理下，废水排放量已经在逐渐降低中。

2. 我国造纸工业废气的排放情况

制浆造纸所排放的大气污染物主要包括粉尘、还原性含硫气体、氧化性含硫气体、氯气、二氧化氯气体、二氧化碳等。其来源主要是：①在造纸工艺过程中物料的扬尘或喷放过程中产生扩散及挥发性的物质；②蒸发或燃烧过程中产生的污染物。有数据表明，2012 年，我国在废气治理上投入设施运行费用高达 16.3 亿元，比 2011 年同比增长了 73.9%；2014 年，我国造纸工业二氧化硫的排放量为 44.9 万吨，氮氧化物的排放量为 19.3 万吨，粉尘排放量为 14.9 万吨，与 2013 年相比，分别下降了 9.6%、6.8% 和 10.8%。可以看出，虽然我国的造纸工业废气污染依旧严重，但在国家宏观控制下，生产企业也逐渐重视废气污染问题，目前大部分废气排放都得到了有效治理。

3. 我国造纸工业废固的排放情况

在我国造纸工业中，造纸原料和造纸方法可选择的类别多种多样，因此产生的固态废弃物的种类和数量都可以表示为一个巨大的数字。例如，使用木材原料制浆时产生的树皮、木屑、木节，使用草类原料制浆时产生的草屑、苇末、蔗渣、竹屑，在碱回收段产生的白泥，废水处理产生的污泥，废纸脱墨制浆时产生的脱墨污泥等。这些废固中有很多可以作为资源进行二次使用，但是都被当成垃圾丢弃，造成了资源的无故浪费，而且对自然环境产生了极大的危害。处理这些固态废弃物时，应该先考虑资源的再回收利用，比如：①备料废渣可以回收做废料锅炉的燃料；②碱回收白泥可以作为烧砖、水泥、造纸填料、精致碳酸钙填料的生产原料；③废水污泥可以用做燃烧锅炉的燃料和肥料生产；④脱墨污泥可以作为热聚合材料填充剂和无机颜料的生产。随着时代技术的发展，会对固态废弃物进行更有针对性的资源回收利用，从根本上消除废固造成的环境污染。

1.2.2 我国造纸工业的资源消耗情况

造纸工业属于轻工业，是我国经济建设必不可少的重要环节。在创造巨大的经济收益的同时，必然会涉及资源的大量消耗，包括水资源消耗、能源消耗、生产原料的消耗等。分述如下。

1. 我国造纸工业水资源消耗情况

截止到 2012 年，我国可统计的制浆造纸和纸制品生产的工厂企业共有 5235 家，用水总量为 121.30 亿吨，其中，新鲜水用量为 40.78 亿吨，占工业总耗新鲜水量的 8.64%；重复用水量为 80.51 亿吨，占造纸工业总用水量的 66.37%；万元工业产值（现价）新鲜水用量为 57.2 吨。2004—2012 年新鲜水用量见表 1-2-1，见图 1-2-2 和图 1-2-3。

表 1-2-1　2004—2012 年新鲜水用量数据表

年份	新鲜用水量/亿吨	万元产值新鲜水用量/（吨/万元）
2004	37.3	188.3
2005	42.5	183.0
2006	44.0	52.5
2007	48.8	124.1
2008	48.84	94.0
2009	46.59	107.8
2010	46.15	89.6
2011	45.59	67.4
2012	40.78	57.2

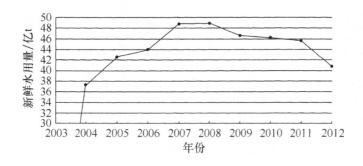

图 1 - 2 - 2　2004—2012 年造纸业新鲜水用量

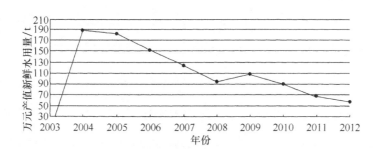

图 1 - 2 - 3　2004—2012 年造纸业万元产值新鲜水用量

从图 1 - 2 - 3 中可以看出，从 2004 年开始，我国造纸万元产值新鲜水用量在逐年减少，这反映了造纸工业技术在不断改善和提高。

2. 我国造纸工业能源消耗情况

我国造纸工业所消耗的能源包括原煤、电力、天然气、蒸汽和重油等，其中原煤和电力所占能耗的比例高达96%。我国重工业虽然在近些年逐渐发展壮大，但是在制浆造纸工业上，这些所需的能源还是以外购进口为主要渠道。尤其是原煤的外购，不仅使得能耗巨大，而且对环境污染严重。

到 2012 年为止，我国在造纸工业花费了巨大的研究心血，使制浆造纸技术不断提高，现在呈现一种高产量、低能耗的趋势，具体变化曲线见图 1 - 2 - 4。

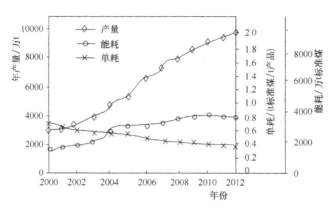

图 1-2-4　2000—2012 年我国造纸业纸和纸板综合能耗状况

2012 年 5 月，我国政府发起"万家企业节能低碳行动"，号召造纸工厂和企业在"十二五"期间，共同达到 591 万吨标准原煤的节能，参加活动的企业多达将近 500 家。可以看出的是，在这近 15 年的时间里，我国造纸业不断发展进步，通过技术改善、生产结构调整、加强企业管理等各种科学手段，在节能降耗上取得了巨大的进展。

3. 我国造纸工业生产原料消耗情况

我国造纸业在制浆造纸时使用的原料大致可以分为三个大类：废纸浆、木浆和草浆，废纸浆是主要的造纸原料。根据中国造纸协会发布的 2014 年度报告，全国当年纸浆消耗总量 9484 万吨，其中木浆消耗总量为 2540 万吨，占纸浆消耗总量的 27%；非木浆消耗总量为 755 万吨，占纸浆消耗总量 8%；废纸浆消耗总量为 6189 万吨，占纸浆消耗总量 65%。据统计，进口原料中，木浆占 17%、废纸浆占 24%；国产原料中，木浆占 10%、废纸浆占 41%。而非木浆中，如稻麦草浆占 3.5%、竹浆占 1.6%、苇浆占 1.2%、蔗浆占 1.2%。

在这近 10 年的时间里，通过造纸技术改良，而原料的结构不断优化，我国造纸业对进口原料的需求已经在逐年降低，废纸浆已然成为我国造纸制浆的主要原材料。

1.2.3　我国造纸工业的现状

我国的造纸工业现状可以概括为七个方面。

（1）在促进生产和消费不断增长的同时，对产品质量有了质的飞跃。

（2）充分改善造纸原材料的供给，增加废纸浆的回收利用，对原材料的浆料结构进行优化。

（3）在造纸技术上不断吸收外来优秀经验，引进先进设备，在符合我国国情的情况下对国外先进经验进行再创新，同时要不断自主创新，使我国的技术和装备水平更上一个台阶。

（4）对产品结构继续进行深度优化，使我国的纸制品最大程度地满足国内外消费需求。

（5）合理布局产业格局，让造纸产业呈现由北向南分布的稳定新格局。

（6）在全国范围内兼并整合有实力的造纸企业，使其趋向集团化和规模化，拥有强大的市场竞争力。

（7）依旧将节能降耗、污染防治放在工作重心，使我国造纸产业在产能质量、消耗定额和污染排放负荷处于国际领先水平。

1.3 造纸工业在国民经济建设中的地位和作用

造纸工业一直以来都是轻工业发展中的重中之重，在一定程度上，体现着一个国家的国力发展水平，因此造纸工业也被称为"软钢铁"。在世界的多个造纸工业发达的国家中，如美国、瑞典、加拿大、日本等，造纸工业的发展已经成为国民经济的重要发展来源。

改革开放以来，我国积极发展经济建设，造纸业在其中发挥了重要作用，同时也在我国的经济建设中占据了重要地位。2007 年，国家发改委颁布《造纸产业发展政策》，其中提出，造纸工业是我国经济建设和社会建设的重要产业支柱，极大地推动了农业、林业、机械制造等第一产业和第二产业的发展。同时，造纸工业从一定程度上反映了一个国家的社会文明和国民经济状况，可以说纸及纸板消费水平是衡量一个国家现代化和文明程度的重要标志之一。

经过新中国 60 年的发展，我国现代化造纸工业体系已基本建成。到 2008 年，我国规模以上造纸企业约 3500 家，制浆造纸设备制造企业 273 家，造纸化工原料生产企业 700 多家，造纸科研院所 14 所，拥有造纸专业的设计院 20 个。设置制浆造纸专业的大专院校 24 所，中等专业、技工学校 50 余所。有国家级工程研究中心和重点实验室 4 个，有国家级企业技术中心 5 个。已建立全国性的图书、教材、标准和刊物的出版部门和网站，有初具规模的商品物流系统，有行业协会、学会、商会等中介组织为行业和企业服务。可以说中国造纸工业已经建立起生产、科研、教育、工程设计、机械制造、精细化工、书刊出版、媒体网络、现代物流和中介服务等较为完整的现代工业体系。而中国正朝着造纸产业更高的发展目标，如生产清洁化、资源节约化、林纸一体化和产业全球化等，持续、努力、健康的向前进。

1.4 造纸原理与工程问题的内涵与解析

制浆造纸发展至今，经过了数代人的不懈努力和钻研。从最早的古法造纸术到现代化的造纸技术，从传统的"水碓、舂臼"到现代化制浆，造纸产业一步步进行着突飞猛进的发展，主体工艺和工程技术虽然看似操作简单，并不复杂，但是每一个工艺流程中都蕴藏着我国古代劳动人民的智慧结晶，具有深刻合理的科学原理。但是，为什么古人可以想到设置这样的造纸工艺？促进他们萌发这些在当时并不能很好解释的科学思想的根源来自于哪里？这些未解的问题，愈发增加了中国古代造纸术的魅力与神奇，也更加激发了探索造纸工程原理的决心和动力。

古法造纸分为五个流程，分别是斩竹漂塘（图1-4-1）、煮楻足火（图1-4-2）、荡料入帘（图1-4-3）、覆帘压纸（图1-4-4）、透火焙干（图1-4-5）。

图1-4-1 斩竹漂塘示意图

【煮楻足火】其中竹穰形同苎麻样，用上好石灰化汁涂浆，入楻桶下煮，火以八日八夜为率。歇火一日，取出竹麻，入清水漂塘洗净。洗净后用柴灰浆过，再入釜中，其上按平，平铺稻草灰寸许。桶内水滚沸，即取出别桶之中，仍以灰汁淋下。如是十余日，自然臭烂。

图：明·宋应星《天工开物》

图 1-4-2　煮楻足火示意图

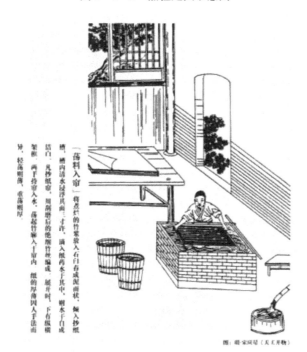

【荡料入帘】将煮烂的竹料放入右方长水槽内搅成稀混糊状，倒入抄纸槽。槽内清水浸浮其面，三寸许，入纸药水汁于其中，则水干成纸，用竹编帘在水中荡起竹麻入于帘内成纸。纸的厚薄全凭入手之法轻荡则薄，重荡则厚。

图：明·宋应星《天工开物》

图 1-4-3　荡料入帘示意图

〔覆帘压纸〕得抄纸后的竹帘倒侧铺在压板上，小心移开竹帘，这层经纸晾落于板上，待堆积一叠，再以重物挤压，得命由纸中水尽，一张张四方的纸就形成了。

图：明 宋应星《天工开物》

图 1-4-4　覆帘压纸示意图

〔透火焙干〕古人以土砖砌成夹巷以焙纸，上砖数块以往，嗽空，砖以粗火，焙纸时先在夹巷中生火，火气从砖隙透巷外，砖尽热，湿纸逐张贴上焙，焙干揭成帙。

图：明 宋应星《天工开物》

图 1-4-5　透火焙干示意图

现代造纸工程，实现了化学、力学、机械、电子、材料、生物和环境等多学科的交叉融合，集成了现代科学和工程问题的综合优势，共享了现代科学技术的丰硕成果，使传统的造纸工业实现了跨越式的发展。本书将在下面章节详细介绍现代造纸工艺原理和其关键技术，希望能够在一定程度上推动制浆造纸工程的发展。

1.5　我国造纸工业绿色发展的主要制约因素

1.5.1　植物纤维原料资源的制约

造纸工业中，生产纸张的原料基础是植物纤维，主要来自木材、废木材和废纸等。在国外，一些造纸业发达的国家使用的原料几乎都是木材或用木材制造的废纸，这是因为，相比较非木材而言，用木材原料生产出来的纸张在质量上都是较高的，且处理废弃物（废水、废气、废固）时对环境的污染程度稍低；而在我国，因为森林资源的严重匮乏，加上建筑、家居等各行各业对木材的需求，因此我国的造纸业原料在使用木材的基础上势必会使用一定量的非木材，如稻麦草、竹子、甘蔗渣等。但是非木材原料物质特性和现有的生产规模，对后期回收可二次利用的资源造成了极大的困难。木材原料供应不足，废纸资源回收困难，非木材原料污染严重，这些劣势使得我国造纸产业在原料的供给上相当依赖进口，这很大程度上限制了我国造纸工业的绿色化发展。

1.5.2　末端废水治理任务重及处理成本高的制约

制浆造纸是高耗水的产业，因此末端废水处理的繁重任务量和高投入成本是压缩纸业利润空间的重要原因之一。

（1）我国的造纸产业因为在原料的使用中有相当一部分的选取是草料，因此在做制浆处理时会用到大量的化学药品，这使得排放的废弃物（三废）尽管经过处理后也很难达到清洁可排放的标准，对环境有着极其严重的污染。

（2）造纸工业是个高投资、低收益的产业，且投入回收周期较长，这对于大部分造纸企业来说，都会在一定程度上造成资金链的断裂。流动资金的缺乏，使得企业负担不起造纸设备的正常运行，更不用说将"三废"

处理到达标排放。

我国逐年对"三废"的排放提高要求，末端废水处理的高成本是制约我国造纸工业绿色发展的瓶颈。

1.5.3　企业规模小、技术装备相对落后的制约

改革开放以来，我国实施市场经济改革，将各个小型的造纸厂整合起来，扩大生产规模，已由原来的上万家造纸厂，合并到现在留存的约3000家企业。但是，相比较造纸业发达的其余国家，在我国，仅有少数的造纸企业在生产规模和生产技术上可以与国际接轨。大部分的造纸厂在生产技术和规模上远远落后国际水平。这里所说的国际水平是指。

（1）产品质量上乘，已经在先进国家流行或一定程度上垄断了国际市场。

（2）同类产品进行比较，所消耗的各类资源处于同等水平或领先。

（3）清洁生产技术应用实施较好，对废弃物和污染物的处理高于国家标准。

（4）重视绿色发展，具有绿色发展管理理念，有明确的绿色发展目标。

技术装备水平落后，就使得生产过程耗水大，污染物产生量多，废水排放浓度高；企业的生产规模小，影响了企业的规模经济效益，从而影响了企业环境保护的投资和运行成本的承耐力，继而制约了造纸工业绿色发展，这是我国造纸工业绿色发展必须要解决的问题。

1.5.4　高制造成本的制约

我国造纸工业由于上述各项原因，使得制造成本过高，压缩了利润空间，从而也制约了造纸工业的发展。据资料介绍，我国造纸企业纤维原料成本占50%以上，能源成本占制浆造纸直接成本的10%~35%（具体数据取决于生产的纸种），是原料成本之后的第二大成本。加上人工成本、末端废水处理成本以及设备投资成本等的上升，就大幅提高了制浆造纸的成本，使利润空间被大大压缩，从而也制约了我国造纸工业的发展。

1.6　目前我国造纸工业绿色发展中存在的困惑

造纸产业完全满足绿色可持续的发展要求，这其中的过程并不是一帆风顺的。探索适合我国国情的绿色可持续发展路线，需要解决以下这些困惑。

1.6.1　COD 的排放标准是否越严格越好

COD 是指废水排放中的化学需氧量，在我国重点工业行业中，造纸和纸制品产业、农副食品加工产业、化学原料和化学制品制造产业、纺织产业是我国 COD 排放量最多的四个行业，其中以造纸和纸制品尤为严重。下表中列出了造纸产业 2003 ~ 2012 年间 COD 的排放量。

表 1 - 6 - 1　2003 ~ 2012 年 COD 排放数据表

年份	COD 排放量/万吨	万元产值 COD 排放强度/（吨/万元）
2003	152. 6	0. 094
2004	148. 8	0. 075
2005	159. 7	0. 0069
2006	155. 3	0. 054
2007	157. 4	0. 040
2008	128. 8	0. 025
2009	109. 7	0. 025
2010	95. 2	0. 018
2011	74. 2	0. 011
2012	62. 3	0. 009

2014 年，我国造纸工业 COD 的排放量占到全国总排放量的 18.7%，虽然由上表可知，我国的 COD 排放量在逐年降低，但是其排放和治理依旧是我国环保对造纸产业节能降耗的重点看护对象之一。如此高的要求使得造纸企业在治理废水排放时又增加了投资。但这些投资是否有必要增加？ COD 排放的限值究竟应该是多少？ COD 的排放标准是否越严格越好？这些困惑是造纸产业想要持续绿色发展必须解释清楚的。

1.6.2　多大规模的造纸机更经济

众所周知，造纸机的规模越大，其运行效率就越高，相对应的生产能力就越强，这也就意味着，造纸机的造价就越高。想要使价格变得合理，那么造纸机在运行上就会显得差一些，相对的，产量也会下降。而所谓的"稳定运行"是指造纸机器在转得快和转得稳之间要满足完美契合，这在价格低廉的小型造纸机上很难做到。而大型的造纸机，当其幅宽和车速达到一定程度时，设备运行的稳定性也会变差。那么这时可以考虑一个问题，造纸机究竟要多大的规模才可以兼顾稳定运行和适宜的成本价格？这也是我国造纸在绿色发展前进的道路上遇到的困惑。

1.6.3　非木浆生产是否真的不可取

我国在造纸原料的选取上使用了不少的非木材，比如农业秸秆就是造纸产业重要的原材料之一。对于非木浆造纸，我国有着上千年的历史，可以说在非木浆的使用上，我国有着绝对的自主知识产权和领先地位。但是随着时代的进步，当今世界对环境保护的要求越来越高，而非木材的造纸原料清洁度始终很难达到生产要求。并且我国对农业秸秆纸浆造纸并不提倡，也没有相应的鼓励措施，这在纸张或纸制品生产时就引起了争议。我国所生产的农业秸秆在全世界上占据领先地位，大量多余的农业秸秆不用来造纸，会造成资源的大量浪费。我国造纸工业非木浆生产究竟可不可取？这是我国造纸在绿色发展前进的道路必须回答的问题。

1.7　我国造纸工业可持续发展现状

从改革开放以来，我国的造纸工业得到了巨大的进步，具体表现在。

（1）从单纯的"三废"末端处理到生产过程污染的控制并重。

（2）定期修订造纸工业水污染物排放标准，推进造纸工业绿色发展。

（3）技术进步推动造纸工业绿色发展。

下面就我国造纸工业可持续绿色发展的战略目标、主要任务、发展趋势做一下分述。

1.7.1 我国造纸工业可持续绿色发展的主要任务

中国轻工业联合会副会长，时任中国造纸协会理事长钱桂敬先生在解读《造纸工业"十二五"规划》时，明确提出了我国造纸产业当下绿色发展的主要任务。

（1）全面建成现代化造纸产业体系，合理布局，做好造纸工业的基础工作。我国造纸业的当务之急是扩大生产规模，加速技术创新，落实生产政策。在造纸产业打好的基础上，形成合理产业布局，全面建成现代化造纸产业体系。

（2）加大产品结构和生产清洁的调整力度，对可回收再利用的资源进行最大化处理。继续改善优化产品结构，促进生产清洁化，高效回收利用二次资源，实现最大程度上的技术进步、节能降耗、资源再利用。

（3）全面控制"三废"的排放，为清洁生产打下基础。要依靠生产技术进步和原料结构优化，加强环保污染治理，严格控制污染物的排放，为实现清洁生产打下良好基础。

（4）加快造纸装备制造业发展，为中国造纸工业提供先进可靠、优质、价格合理的装备保证。加快资源整合，实现跨越式发展，满足市场需求，为我国造纸工业的发展提供装备保障。

1.7.2 我国造纸工业可持续绿色发展的趋势

根据《造纸工业十二五规划》制定的造纸行业发展总蓝图，我国造纸工业将把节能降耗、资源再利用、低碳发展、清洁生产、治污减污等作为工程重点发展方向。为了应对当今世界的三大难题—资源短缺、能源紧张、环境压力大等，我国造纸工业可持续绿色发展的总趋势具体分述如下。

1. 新技术的自主创新

在吸收国外先进经验的基础上，加快我国自主科研技术的创新，把低能耗、少污染、高质量、高效率作为新型制浆造纸技术研发的重点方向。对低碳、绿色、可持续发展的产业化生物技术加以重点开发。针对我国木材大的短缺，要对非木材原料的应用缺陷重点加以结构调整，改良优化纸浆造纸技术。需要再次强调的是，对我国造纸工业绿色工程技术的发展，一定要把资源回收再利用、循环可持续发展、清洁生产、质量产量"双高"作为工作重心。

2. 新装备的创新研发

研发我国具有自主知识产权，适应各种原材料抄造的纸和纸板，新型高质量、高效率、清洁化的制浆造纸装备。促进我国的造纸工业朝着纸浆和纸张质量越来越高，生产规模越来越大，产业越来越绿色化等方向发展。

3. 大力推进工业化和信息化相结合

加大利用信息技术提升传统造纸业的力度。要坚持以信息化带动工业化，以工业化促进信息化的原则，进一步推进企业全面实施和提升生产装备智能化、生产过程自动化和企业管理信息化的水平。通过使用信息技术，系统整合企业内部的产品研发设计、生产管理、质量管理、财务管理、营销管理、物流配送、节能减排、项目管理及人力资源等环节的信息资源，最大限度降低各单位的经营成本，提高管理效率。

第 2 章　造纸植物纤维原料和纸浆的化学成分分析

　　进行造纸植物纤维原料和纸浆的化学成分分析的主要目的是弄清各种造纸原料的化学成分，从而可以初步明了其在制浆造纸中可以利用的价值，并揭示在制浆造纸过程中原料所含的各种化学成分的溶出规律，深入研究其在造纸过程中的反应原理。本章将探讨灰分及酸不溶灰分含量的测定、抽出物含量的测定、纤维素与综纤维素含量的测定、聚戊糖含量的测定等部分造纸原料或纸浆化学成分分析。

2.1　造纸植物纤维原料的生物结构与纤维形态观察

2.1.1　造纸用植物纤维原料的生物结构

　　在造纸工业中，人们根据纤维原料的来源将造纸原料分为三大类：①木材纤维类，包括阔叶材和针叶材；②非木材纤维类，包括禾本科类纤维、韧皮纤维、叶纤维及种毛纤维；③半木材纤维类（其纤维形态及生物结构介于木材与禾草类原料之间），这类原料主要指棉秆。下面简单介绍在光学显微镜下观察到的几种常用的造纸用植物纤维原料的生物结构。

1. 针叶材的生物结构

　　造纸工业的主要原料是针叶材的木质部。它主要由管胞、木射线管胞和木射线薄壁细胞及围成树脂道的分泌细胞组成，其中管胞是约占 90% ~ 95% 的造纸细胞。图 2-1-1 为我国广东马尾松生物结构图，图 2-1-2、图 2-1-3 及图 2-1-4 分别表示树干的横切面、径切面和弦切面。

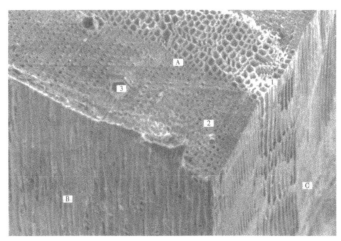

A—横向；B—弦向；C—径向；
1—早材；2—晚材；3—树脂道

图 2 - 1 - 1　马尾松三向切面 ×70

　　如图 2 - 1 - 2 所示，可在横切面上见到纵向生长的管胞横向断面。图中 2 为腔小、壁厚、色深的晚材管胞；图中 1 为腔大、壁薄、色浅的早材管胞。早材和晚材构成年轮。早材和晚材之间为年轮界限。沿径向生长的细胞为木射线。图中 3 为纵向树脂道。

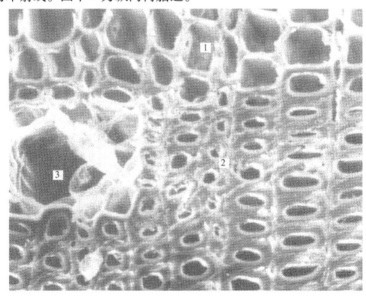

1—早材；2—晚材；3—树脂道

图 2 - 1 - 2　马尾松横切面（SEM ×300）

如图 2 - 1 - 3 所示，管胞是在径切面上较粗大的条状细胞，横向条状细胞为木射线，两者交叉的区域被称为交叉场，可在管胞的壁上见到整齐排列的纹孔。如图 2 - 1 - 4 所示，可在弦切面上见到较粗大的条状细胞为管胞及被横向切断的木射线的横断面组成的一列列圆孔。

此外，在针叶材中还含有较多的树脂道，在横、径切面中较大的圆孔为纵向树脂道。图 2 - 1 - 4 上夹在木射线中间、并使木射线形成两列或多列的较大的圆形通道为径向树脂道，两者互相沟通形成了立体的树脂道网。各种针叶材的生物结构较为相似。

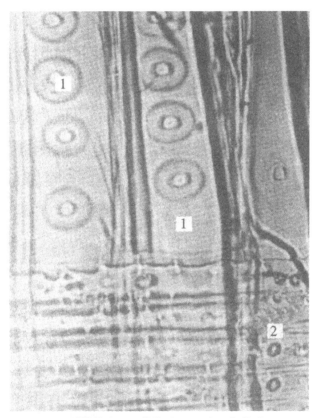

1—纤维管胞上具缘纹孔；2—交叉场纹孔

图 2 - 1 - 3　马尾松径切面（LM×200）

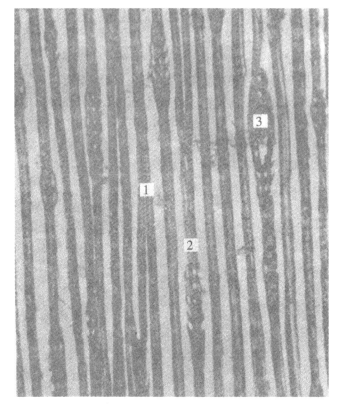

1—管胞；2—木射线；3—树脂道

图 2 - 1 - 4　马尾松弦切面 ×100

2. 阔叶材的生物结构

在细胞结构上，阔叶材要比针叶材复杂一些。如图 2 - 1 - 5 为南京杨的横切面及径切面的两向剖面图，图 2 - 1 - 6 为南京杨横切面，图 2 - 1 - 7 为南京杨弦切面。可从这几幅图中观察到，阔叶材主要由以下几种细胞组成。

（1）阔叶木最明显的特征是导管。在阔叶木各横切面的图上都能看到大孔径的导管。阔叶木可根据导管管孔的散布情况的不同，分为散孔材和环孔材。如果在一个年轮内导管直径没有明显差别的称为散孔材；如果在早材中导管的直径较大，而在晚材中导管的直径明显变小，在横切面上形成环形孔状结构者为环孔材。导管的排列也有单孔式与复孔式两种。在横切面上，单孔式导管每组只有一个管孔；复孔式导管每组有两个以上的管孔。导管由许多导管分子组成，其长度通常都小于 1 mm。导管分子两端开口，首尾相接，沿树轴方向形成许多通道，以输送树液。

（2）木射线细胞全部为薄壁细胞。在横切面上呈现条状，弦切面上呈现多列或双列排成纺锤状的、少数为单列（如山杨）的圆孔。其含量较针叶材的木射线多些，形状不太规则。木薄壁细胞沿树轴纵向生长。不规则的分布于木纤维中，有的分布在年轮末端，有的在木纤维中排列成同心圆状，有的分布于导管四周。

（3）木纤维是造纸用细胞，约占 50% ~ 80%。阔叶材不仅造纸细胞含量比针叶材低，而且木纤维与针叶材的管胞相比又细又短，两端尖锐。在横切面上，它位于导管和条状的木射线之间，呈现出四角形或多角形的不规则的细胞腔和较厚的细胞壁。一般将阔叶材的木纤维分为三类：纹孔较大的而且布满整个细胞的叫管胞，纹孔较小但较少的叫纤维管胞，纹孔不明显或没有或有横节纹而且稀少的叫作韧型木纤维。大多数阔叶材只有后两种，而桉木等少数阔叶材三种都有。

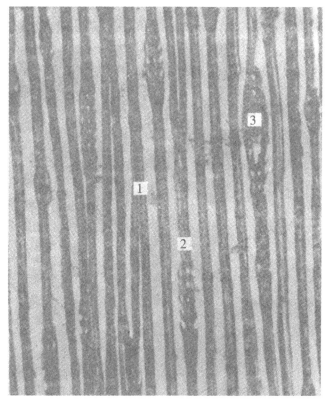

A—横切面；B—弦切面；1—导管；2—木射线；3—木纤维

图 2 - 1 - 5　南京杨二向剖面（SEM × 50）

1—导管；2—木射线；3—纤维

图 2 - 1 - 6　南京杨横切面（SEM × 160）

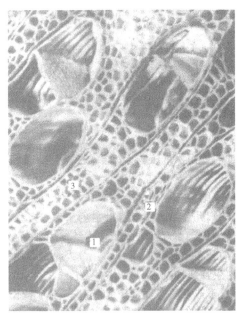

1—导管；2—木射线；3—纤维

图 2 - 1 - 7　南京杨弦切面（SEM × 160）

3. 麻类植物茎秆的生物结构

麻类属韧皮纤维。造纸常用的有大麻、亚麻、红麻及黄麻等，其生物结构大同小异。茎秆主要由韧皮部和木质部组成。图 2－1－8 示出了大麻茎秆的横切面。麻类茎秆从外向内依次可分为表皮组织、厚角细胞组织、薄壁细胞组织、韧皮部、形成层、木质部和髓。

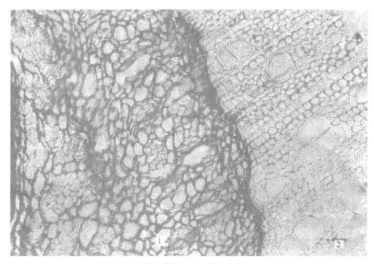

1—木质部；2—韧皮部

图 2－1－8　大麻茎秆横切面

细而长的纤维存在于韧皮部，是造纸的优质原料。较短的纤维存在于木质部，类似于阔叶材的木纤维，也可以用于造纸。从横切面上能看到韧皮部中有几个纤维群体组成一些"径向行"。有的品种（如红麻）皮部组织比较厚，在一个"径向行"中，纤维群体可达 5～6 个，使皮部的比例高达 25%～30%。而有些品种（如亚麻和大麻）每一个"径向行"的纤维群体较少，皮部较薄，仅占 15%～20% 的比例。

麻类植物木质部的横切面近似阔叶材的散孔材，导管散布在纤维细胞和射线细胞之间。射线细胞一般呈双行排列，从髓心延伸到皮部。靠近髓心的纤维细胞壁较薄，而向外逐渐加厚，形成环状结构。一般来说，在麻类植物的木质部中，薄壁细胞含量较高，可达 30%～40%（体积比），超过了阔叶材的杂细胞含量。

4. 竹子茎秆的生物结构

图 2 - 1 - 9 为毛竹横切面，图 2 - 1 - 10 为淡竹（花竹）横切面。从图中可以看出，竹子茎秆的生物结构与禾草类基本相同。两者之间的主要差别如下。

（1）竹的纤维细胞含量占 60% ~ 70%，高于禾草类而低于针叶木。竹纤维细长，两端尖锐，呈纺锤状。

（2）竹子茎秆表皮组织紧密，表皮细胞多呈长方形，细胞边缘整齐，无锯齿状细胞，这可以作为鉴别竹浆和大多数草浆的依据。

（3）目前用于造纸的竹纤维全部生长在维管束中。维管束的大小、形状及数量随竹的品种和部位而异，据此可鉴别竹种。

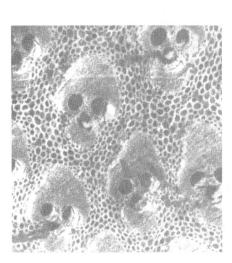 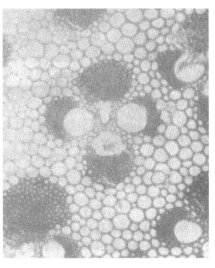

图 2 - 1 - 9 毛竹横切面 × 80   图 2 - 1 - 10 淡竹（花竹）横切面 LM × 80

5. 禾草类植物茎秆的生物结构

一般来说，禾草类植物用于造纸的主要部位是茎秆。各种禾本科植物茎秆的生物结构的共同特点是，它们都主要由维管束组织、薄壁组织及表皮组织所组成。还有一些禾本科植物茎秆（如芦苇）具有纤维组织带。图 2 - 1 - 11 为芦苇茎秆横切面，图 2 - 1 - 12 为芦苇秆部维管束横切面。

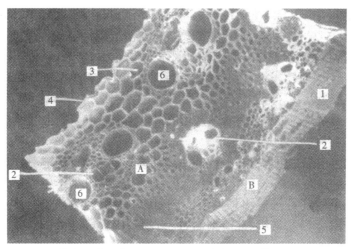

1—外表皮膜及表皮细胞；2—维管束；3—薄壁细胞；

4—内表皮膜；5—纤维组织带；6—导管

A—横切面；B—弦切面

图 2 - 1 - 11　芦苇茎秆横切面（SEM ×25）

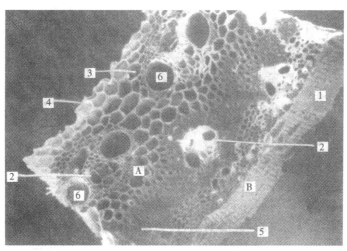

1—纤维；2—导管；3—筛管；4—薄壁细胞

图 2 - 1 - 12　芦苇秆部维管束横切面（SEM ×84）

　　禾草类植物表皮组织由表皮膜、表皮细胞、硅质细胞、栓质细胞等组成。它们是茎秆的最外一层细胞。

　　薄壁组织由薄壁细胞组成，所占比例较大，主要生长在维管束周围及表皮组织与纤维组织带之间。在维管束周围的薄壁细胞，腔较大，数量较多；而在表皮组织与纤维组织带之间的薄壁细胞，细胞腔较小，数量也较少。薄壁组织的邻角区（三个细胞交界的部分）有明显的空隙。

由图 2-1-12 可见，维管束组织由导管、筛管和纤维细胞组成。在横切面上呈"花朵"状，或者说呈"面目"状。纤维在最外一层，形成环状的维管束鞘；导管和筛管被"鞘"围在里面，靠近茎髓的导管在茎秆成熟时，多被挤坏，形成一个明显的孔腔。维管束的形态和排列方式随品种而异。

纤维组织带是由靠近外表皮的一圈纤维细胞连接而成，其中嵌有较小的维管束。

造纸用的纤维细胞多数存在于纤维组织带中，少部分存在于维管束中。

6. 棉花及棉秆的组织结构

棉花纤维有两种：长纤维又称棉绒纤维，是通过轧棉机处理种子而分离的。棉绒的长度一般为 12~23mm。短纤维绒毛，即棉短绒，仍附着在种子上，可通过进一步处理与种子分离而得到。棉短绒的纤维长度约为棉绒的 1/5，约为 2~12 mm。棉纤维无胞间层，细胞壁很厚，胞腔小，纤维两端较中部略小，上端略尖，下端略圆，但都较"钝"。纤维壁上无横节纹和纹孔。造纸用的棉花纤维多为纺织品废料及棉短绒。

图 2-1-13 及图 2-1-14 示出了棉秆的横切面及棉秆半木质化部分的构造。其生物结构及纤维形态与软阔叶材（如杨木）相近。皮部为韧皮纤维，约占 26%；木质部约占 66%；髓部约占 8%。随产地不同各部分的比例略有不同。

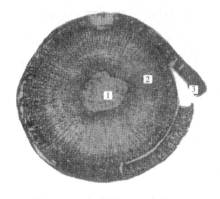

1—髓心；2—木质部；3—皮部

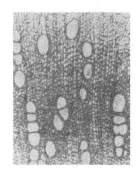

图 2-1-13　棉秆的横切面　　图 2-1-14　棉秆半木质化部分的构造

7. 叶纤维的生物结构

造纸常用的叶纤维主要是龙须草、西班牙草和剑麻等植物的叶部纤维。图 2 - 1 - 15 示出了龙须草叶部的横切面。从图中可见：龙须草叶部的外表皮有一层透明膜状组织，向内为锯齿状表皮细胞、栓质细胞及气孔器交错排列，再向内则有维管束和薄壁细胞。两个大的维管束之间常夹有 1 ~ 4 个小的维管束。大维管束的外围有一层含有内容物的杆状石细胞，内部为纤维细胞和导管。维管束的端部有一群厚壁的纤维细胞群体与外表皮层相连接。该厚壁纤维占纤维总数的 40% ~ 50%。

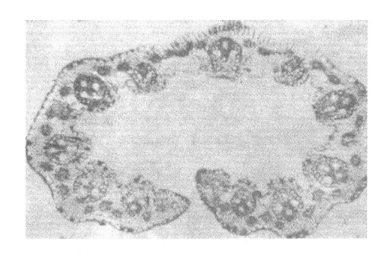

图 2 - 1 - 15　龙须草叶部横切面 ×100

2.1.2　造纸用植物纤维原料细胞形态

组成各种植物纤维原料的细胞类型是不同的，这些不同类型的细胞在形态上有很大差异。图 2 - 1 - 16、图 2 - 1 - 17 和图 2 - 1 - 18 示出了针叶木、阔叶木及稻草的几种细胞形态。

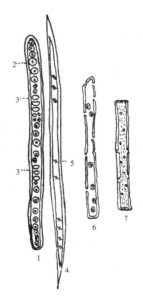

1—早材管胞；2—具缘纹孔；3—单纹孔；4—晚材管胞；
5—裂纹孔；6—木射线管胞；7—木射线薄壁细胞

图 2－1－16　针叶木细胞形态

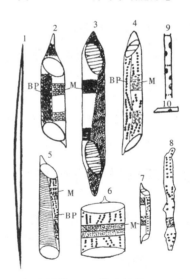

1—纤维；2—杨木导管；3—桦木导管；4—山毛榉导管；
5—槭木导管；6—栎木早材导管；7—栎木晚材管胞；
8—栎木早材管胞；9—柔软组织细胞；10—射线细胞；
M—导管壁与射线细胞连接处纹孔；BP—具缘纹孔

图 2－1－17　阔叶木不同树种的细胞形态

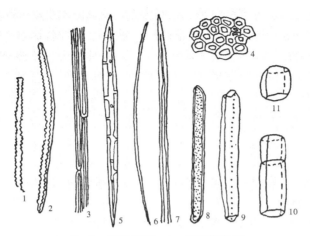

1、2、3—表皮细胞；4—纤维横断面；
5、6、7—纤维细胞；8、9、10、11—薄壁细胞

图 2 - 1 - 18　稻草细胞形态

2.2　分析用试样的采取

选取试样的要求是外观完好，不可有腐朽变质的情况，同时，要求具有良好的代表性，能代表成批原料或纸浆的真实情况。造纸原料与纸浆的化学成分分析用试样的采取，是保证分析结果真实性的关键。因此，在进行化学成分分析之前，必须按照标准方法，首先完成对试样的采取，以及对试样进行必要的处理。

2.2.1　造纸用植物纤维原料分析用试样的采取

1. 使用的工具

①剥皮刀；②手锯；③切草机（或剪刀）；④粉碎机；⑤孔径 0.38 mm（40 目）和孔径 0.25 mm（60 目）标准铜丝网筛；⑥1000 mL，具有磨砂玻璃塞的广口瓶；⑦马蹄形磁铁。

2. 试样的采取

（1）木材原料

采取同一产地和同一树种的原木 3 ~ 4 棵，标明原木的树龄、树种、产地、砍伐年月、外观品级等。用剥皮刀将所取原木表皮全部剥尽。

使用手锯在所取的每棵原木的梢部、腰部、底部各锯取 2 ~ 3 cm 的木墩。放置数日后，用电工刀切成小薄木片，充分混合，按四分法采取均匀样品木片约 1000 g。风干后，置入粉碎机中磨成细末，过筛，截取能通过 0.38 mm 筛孔（40 目）而不能通过 0.25 mm 筛孔（60 目）的细末。凉至室温后，贮存于 1000 mL 具有磨砂玻璃塞的广口瓶中，备分析使用。

（2）非木材纤维原料

①无髓的草类原料（如稻草、麦草、芦苇等）：采取能代表预备进行蒸煮的原料约 500 g，记录其草种、产地、采集年月、贮存年月、品质情况（变质情况及清洁程度等）。若其中夹杂铁丝、铁屑等硬物应先用磁铁吸除，再用切草机（或剪刀）去掉根及穗部。

把已经去根及穗的原料全部切碎。风干后，置粉碎机中磨成细末。过筛，截取通过 0.38 mm 筛孔（40 目）而不能通过 0.25 mm 筛孔（60 目）的细末。凉至室温后，并用磁铁除去铁屑，贮存于 1000 mL 具有磨砂玻璃塞的广口瓶中，备分析使用。

②有髓的非木材纤维原料（如棉秆、麻类、蔗渣等）：将已去根及穗的试样皮、秆分离（包括髓剥离），然后分别置粉碎机中磨成全部能通过 0.38 mm 筛孔（40 目）的细末。凉至室温，装瓶、称重，确定皮、秆（包括髓）的比例。进行分析时，按确定的皮、秆（包括髓）比例取样。

2.2.2　纸浆试样的采取

1. 相关概念

（1）样品：从样本浆包或卷筒浆中取出一定量的纸浆。

（2）样本浆包（或卷筒浆）：为采取样品而抽选出来的浆包（或卷筒浆）。

（3）混合样品：集中从一特定批量浆中取出的样品。

（4）批：一定数量的同一种类或同一等级的纸浆。关于纸浆的种类和等级应给出明确的评价（通常和质量标准的协议相一致）。组成一批浆的包数或卷筒数可由合同双方的订货单或协议书规定。

2. 样本浆包的采取

所有随机选出的样本浆包或样本卷筒浆应代表该批浆，样本浆包应完整及尽可能损伤小。为了取得有真正代表性的试样，整批浆应都可以抽到样，取出的样本浆包或样本卷筒最低数目 n 列于表 2 - 2 - 1。表中 n 的取值以不能小于 $N^{1/2}$ 为原则，但无论批量多大，抽样数不多于 32 包或卷筒。若不能从整批浆里抽样时，样本浆包的数目由有关方面协商决定，如无其他协议，取样时可供抽样的纸浆数量不少于全批的一半。

如果浆包或卷筒浆的卷筒标志号码涉及几个系列，则每一系列的样本浆包或样本卷筒浆的卷筒数目应依据表中给出的原则按比例随机选出。如有必要，应报告商标和标志号码以备参考。

表 2 - 2 - 1　抽取样本浆包或样本卷筒浆卷筒的数目表

在该批浆中的浆包或卷筒的总数（N）	抽取样本浆包或卷筒的最少数量（n）
100 以下	10
101 ~ 200	15
201 ~ 300	18
301 ~ 400	20
401 ~ 500	23
501 ~ 600	25
601 ~ 700	27
701 ~ 800	29
801 ~ 900	30
901 ~ 1000	32
超过 1000	32

3. 纸浆试样的采取步骤

从每一个样本浆包或卷筒中取出一个样品，记录所有采样的浆包或卷筒的标志号码，所有样品的干纤维数量大约相同，样品的数量取决于所进行的试验项目，一般每个样品为 100 g。集中取出的样品形成混合样品，包起来以防污染，并要与阳光、热源和水汽隔离。

按下述建议抽样。如果需测定微量金属，就不能用金属工具采样。并应弃去任何切过的边缘，以免被金属污染。

（1）浆板浆包

打开浆包并从每个包中随机选出一张浆板，但不能选取靠近顶部或底部的前 5 张，并应避免在离浆板边缘 7 ~ 8 cm 范围内取样。从每一张选出的浆板撕出大小适宜的样品。弃掉余下部分。

为避免开包可采用下述一种代替方法。

①按 GB/T8944.1（纸浆成批销售质量的测定法第一部分浆板浆包）中规定的取样法。每一试样由等数量的圆盘组成。②在捆包钢线间切割出深度足够的方块，以取得大小适宜的试样，可弃去外层三张浆板和撕掉切过的边缘。

（2）浆块（如急骤干燥的散块状）浆包

样品可由试验圆盘的切块组成，如 GB/T8944.2〔纸浆成批销售质量的测定法第二部分浆块（急骤干燥浆）浆包〕规定的，或从浆包的一角取出浆块组成样品，但不能包括有已暴露在外的浆料。

（3）成卷的浆

从卷筒除去外面三层，然后切出或撕出尺寸适宜不含卷筒边缘的样品。

（4）浆包组合件

如果批量是以一定数目单包构成组合件的形式送来的一批浆，可以从组成件的顶部和底部的浆包选出相应数目的样本包，也可以按上述规定的代替方法取样而不必拆散组合件。

4. 供分析用浆料的处理方法

A1：供 α 纤维素、铜价及黏度等分析用浆样。将浆板或急骤干燥浆块撕碎，用水浸泡 4 h，在湿浆解离器或其他离散设备中加水分散成纤维状，不得留有浆块或纤维束，然后用覆盖有洁净白布的铜网在手抄纸器或其他成形设备上抄成定量约 40 g/cm^2 的浆片，不必挤压，连同白布一起风干，最后将浆片由白布上取下，撕成 5 mm × 5 mm 的小块，置于干燥、洁净的玻璃瓶中，用塞子塞紧，放置过夜，使试样的水分达到平衡。

A2：供氯化物、硫酸根等无机盐类及各种抽提液分析用浆样。将浆板或急骤干燥浆块送入粉碎机中磨碎。置于干燥、洁净的玻璃瓶中，用塞子塞紧，放置过夜，使试样水分达到平衡。

A3：供木素、聚戊糖等分析用浆样采用 A1 或 A2 方法处理皆可。

2.3　灰分及酸不溶灰分含量的测定

通常在造纸植物原料和纸浆组分中，或多或少都含有部分矿物质。试样经高温燃烧和灰化后剩余的矿物质称为灰分（Ash）。灰分含量和组成随原料种类和部位等的不同而有很大差别。灰分大小对一般制浆造纸生产影响不大，但在生产绝缘纸浆和精制浆时，要求控制在一定数量以下。禾草类原料的高二氧化硅含量，在碱回收过程中易造成硅干扰问题。因此，测定灰分含量也是评价造纸原料制浆造纸性能的重要指标之一。

2.3.1　灰分含量的测定

造纸原料灰分含量的测定以 GB/T 2677.3—1993 为标准，纸浆灰分含量的测定以 GB/T 742—2008 为标准，纸和纸板灰分含量的测定以 GB/T 463—1989 为标准。

1. 测定原理

灰分是指试样在高温下经炭化和灼烧，使其中的有机物变成二氧化碳和水蒸气而挥发，所剩余的矿物性残渣之质量与试样质量之比，以百分数表示。

2. 仪器

①瓷坩埚或铂坩埚（30 mL 或 50 mL）；②电炉；③可控温高温炉；④干燥器（内装变色硅胶应保持蓝色）；⑤分析天平：感量 0.0001 g。

3. 取样及处理

（1）原料试样：将试样磨碎，取孔径 0.38 ~ 0.25 m m（40 ~ 60 目）筛分级供分析之用。

（2）纸浆试样：将试样剪成为 5 mm × 5 mm 的小块，置于干燥洁净的玻璃瓶中，用塞子塞紧，放置过夜使试样的水分达到平衡，供分析之用。

4. 测定步骤和结果计算

（1）原料灰分含量的测定步骤和结果计算

精确称取 2 ~ 3 g 试样（精确至 0.0001 g）置于经预先灼烧至质量恒定的瓷坩埚中（同时另称取试样测定水分），先在电炉上仔细燃烧使其炭化，然后将坩埚移入高温炉中，在（575 ± 25）℃温度范围内灼烧至灰渣中无黑色炭素。取出坩埚，在空气中冷却 5 ~ 10 min 后，置入干燥器内，冷却 0.5 h，称量。再将坩埚放入高温炉中，重复上述操作，称量至质量恒定。灰分含量 X（%）按下式计算：

$$X = \frac{m_2 - m_1}{m} \times 100\%$$

式中,m_1——灼烧后坩埚质量,g;

m_2——灼烧后盛有灰渣的坩埚质量,g;

m——绝干试样质量,g。

以两次测定的算术平均值报告结果,要求准确到小数点后第二位。两次测定计算值间的误差:木材原料不应超过 0.05%,非木材原料不应超过 0.2%。

（2）高二氧化硅含量的草类原料灰分含量的测定步骤和结果计算

有些草类原料灰分中含有较多的二氧化硅,在灼烧时灰渣易熔融结成块状物,致使黑色炭素不易烧尽。遇到此种情况,可以延长灼烧时间,直至灰渣变浅为止。若仍不能使黑色炭素烧尽,则可以试用以下方法。

称取 2~3 g 试样（精确至 0.0001 g）于预先经灼烧并已质量恒定的瓷坩埚中（同时另称取试样测定水分）,用移液管吸取 5 mL 乙酸镁乙醇溶液〔溶解 4.05 g 乙酸镁 $Mg(Ac)_2 \cdot 4H_2O$ 于 50 mL 蒸馏水中,以 95% 乙醇（化学纯）稀释至 1000 mL〕注入盛有试样的瓷坩埚中。用铂丝仔细搅和至试样全部被润湿,以极少量水洗下沾着于铂丝上的样品,微火蒸干并炭化后,移入高温炉中,在（575±25）℃温度范围内灼烧至灰渣中无黑色炭素,按前述操作,称量至质量恒定。

同时做一空白试验,吸取 5 mL 乙酸镁乙醇溶液于另一灼烧过并已质量恒定的瓷坩埚中,微火蒸干,移入高温炉中在（575±25）℃温度范围内灼烧至质量恒定。

灰分含量 X（%）按下式计算:

$$X = \frac{m_4 - m_3}{m} \times 100\%$$

式中,m_3——空白试验残渣质量,g;

m_4——试样灰渣质量,g;

m——绝干试样质量,g。

（3）纸浆灰分的测定步骤和结果计算

称取纸浆试样的质量按表 2-3-1 规定。具体试验步骤和结果计算与原料灰分含量的测定相同。纸浆灰分两次测定值间允许偏差按表 2-3-2 规定。需要注意的是,灰分含量低于 0.50% 者,最好使用铂坩埚进行测定。

表 2 - 3 - 1　纸浆灰分测定应称取试样量

灰分含量/%	风干试样取用量/g
>2	2 ~ 3
0.50 ~ 2	5
0.20 ~ 0.50	10
0.12 ~ 2.0	20
0.08 ~ 0.12	30
0.04 ~ 0.08	40
<0.04	50

表 2 - 3 - 2　纸浆灰分两次测定值间允许偏差

灰渣质量/mg	两个平等试样灰渣质量的最大允许误差/mg
50 ~ 100	4
20 ~ 50	2
5 ~ 20	1
<5	0.5

（4）纸和纸板灰分的测定步骤和结果计算

称取小块风干试样 2 g（低灰分的纸所称取的试样应使灼烧后残渣质量不小于 10 mg），准确至 0.0001 g（同时另称取试样测定水分）。将称过的试样置于预先灼烧至恒重的坩埚中，小心灼烧，使之炭化。然后移入高温炉内，在（925 ± 25）℃灼烧至无黑色炭素。取出坩埚，在空气中冷却 5 ~ 10 min，移入干燥器内冷却后称重，直至恒重为止。

灰分含量 X（%）按下式计算：

$$X = \frac{m_2 - m_1}{m} \times 100\%$$

式中，m_1——灼烧后的坩埚重，g；

　　　m_2——灼烧后盛有灰渣的坩埚重，g；

　　　m——绝干试样重，g。

用两次测定的算术平均值报告结果。各项测量的误差不大于平均值的 5%。灰分百分数报告至三位有效数字，对于无灰滤纸报告至两位有效数字。

2.3.2　纸浆酸不溶灰分的测定

1. 测定原理

将纸浆灰化后用盐酸处理，过滤不溶残渣，洗净、灼烧并称重，即得到纸浆酸不溶灰分的含量。

2. 仪器

①一般实验室仪器；②铂坩埚；③分析天平：感量 0.1 mg。

3. 试剂

分析时只允许使用分析纯试剂、蒸馏水或相同纯度的水。

约 6 mol/L HCl 溶液：取 500 mL 浓盐酸（密度 $\rho_{20} = 1.19$ g/cm³），用水稀释至 1000 mL。

4. 测定步骤

称取至少可得到 1 mg 酸不溶灰分的风干浆样，称准至 0.01 g（同时另称取试样测定水分）。

将试样分次放入预先已灼烧至恒重的铂坩埚内进行炭化，然后放入（575±25）℃高温炉中灼烧此灰。灰中无炭时则表示炭化完全。当铂坩埚降至室温时，加进 6 mol/L HCl 溶液 5 mL，在蒸汽浴上蒸发至干，再加入 5 mL 盐酸溶液，再次蒸发至于。然后往残渣中加入 5 mL 盐酸溶液，再在蒸汽浴上加热几秒钟后，用约 20 mL 蒸馏水稀释。

用一张无灰滤纸将此溶液过滤，用热蒸馏水冲洗，每次 10 mL，约洗 7~8 次，直至滤液无氯离子为止。将残渣连同滤纸移入已恒重的铂坩埚中，并小心地加热，直至水被蒸干，然后在低温下灰化滤纸。滤纸灰化后，将残渣放入（575±25）℃高温炉内灼烧，直至无炭为止。将铂坩埚置于干燥器内冷却，然后称准至 0.1 mg。重复灼烧和称重，直至恒重。

5. 结果计算

用下式计算酸不溶灰分含量 X（mg/kg）：

$$X = \frac{m_0 \times 1000}{m}$$

式中，m_0——酸不溶残渣质量，mg。

m——试样绝干质量，g。

取两次测定的算术平均值报告结果，准确至 5 mg/kg。

含酸不溶灰分较大的浆，其结果可用 g/kg 表示。

6. 注意事项

（1）测定前瓷坩埚的底和盖必须编号作标记，编号须用钢笔书写。为了使标记更清晰，可以采用在钢笔墨水中加入少许氯化铁的方法，可使灼烧后红色痕迹更明显。

（2）试样在电炉上炭化时，坩埚盖要斜放在坩埚上，边上留一道缝隙，以便使空气流通。炭化温度不宜太高，切忌发生试样着火现象，同时应避免风吹，以免产生损失。

（3）试样需待炭化完全后，再放入高温炉中灼烧。坩埚在高温炉内应将盖子斜放在坩埚上，并留缝隙；或将盖子打开放在坩埚旁。灼烧时，应严格控制在规定的温度范围之内。

（4）待灼烧完全，将坩埚盖子盖好，从高温炉取出。由于坩埚温度很高，须先放在瓷板（或石棉网）上在空气中冷却 5min 左右（注意：每次操作冷却时间要固定），待坩埚暗红色消失并用手背靠近坩埚时仍觉微热，再将坩埚移入干燥器中。然后在干燥器中再冷却半小时后称重。

2.4　抽出物含量的测定

造纸植物纤维原料通常采用水、有机溶剂、碱等为抽提介质，在一定条件下测定各项抽出物的含量，用以标识该原料制浆造纸性能的差异。常用的抽出物含量的测定方法有冷水、热水抽出物、1% 氢氧化钠抽出物和有机溶剂（苯 – 醇、乙醚、二氯甲烷等）抽出物等。由于抽提物的成分有很大差异，而且它们单个成分的定量分离有很大困难，所以在分析中通常采用测定在不同溶剂和水溶液中溶出的抽出物总量的方法。

2.4.1　水抽出物含量的测定

按照抽提条件的不同，水抽出物可分为冷水抽出物和热水抽出物两种。植物纤维原料中所含有的部分无机盐类、环多醇、植物碱、糖、单宁、色素以及多糖类物质，如胶、淀粉、植物黏液、多乳糖、果胶质等均能溶于水。因此，冷水抽出物和热水抽出物两者成分大体相同。但因其处理条件不同，溶出物质的数量不同。热水抽出物的数量较冷水抽出物多，其中含有较多糖类物质。

测定水抽出物的方法一般有两种：一是采用一定量的水，在一定时间和规定温度下，处理一定量试样，根据试样减轻的质量作为水抽出物量；另一方法是原料经上述方法处理后蒸干部分抽出液，根据所得残渣的质量以确定其抽出物含量。后一个方法因操作手续较繁琐，故不常采用，我国普遍采用前一种方法测定水抽出物含量。造纸原料水抽出物含量的测定标准方法以 GB/T2677.4—1993 为准。

1. 测定原理

测定方法是用水处理试样，然后将抽提后的残渣烘干，从而确定其被抽出物的含量。此法适用于木材和非木材纤维原料水抽出物含量的测定。

冷水抽出物测定是采用温度为 (23 ± 2)℃的水处理48 h。热水抽出物测定是用95℃ ~ 100℃的热蒸馏水加热3 h。

2. 仪器与分析用水

①一般实验室仪器；②恒温水浴（温度范围：室温 ~ 100℃可调）；③具有可以调节温度 (23 ± 2)℃的恒温装置；④30 mL 的玻璃滤器（1G2）；⑤恒温烘箱；⑥容量 500 mL 及 300 mL 的锥形瓶；⑦冷凝管。

分析时所用的水应为蒸馏水或离子水。

3. 样品的采取和制备

样品的采取和制备按 GB/T2677.1 的规定进行。准备风干样品不少于 20 g，其样品为能通过 0.38 mm 筛孔（40 目筛）但不能通过 0.25 mm 筛孔（60 目筛）的部分细末。

4. 测定步骤和结果计算

（1）冷水抽出物含量的测定

①测定步骤：精确称取 1.9 ~ 2.1 g（称准至 0.0001 g）试样（同时另称取试样测定水分），移入容量 500 mL 锥形瓶中，加入 300 mL 蒸馏水，置于温度可调的恒温装置中，保持温度为 (23 ± 2)℃。加盖放置 48 h，并经常摇荡。用倾泻法经已恒重的 1G2 玻璃滤器过滤，用蒸馏水洗涤残渣及锥形瓶，并将瓶内残渣全部洗入滤器中。继续洗涤至洗液无色后，再多洗涤 2 ~ 3 次。吸干滤液，用蒸馏水洗净滤器外部，移入烘箱内，于（105 ±

2)℃烘干至质量恒定。

②结果计算：冷水抽出物含量 X_1（%）按下式计算：

$$X_1 = \frac{m_1 - m_2}{m_1} \times 100\%$$

式中，m_1——抽提前试样的绝干质量，g；

　　　m_2——抽提后试样的绝干质量，g。

（2）热水抽出物含量的测定

①测定步骤：精确称取（1.9~2.1）g（称准至 0.0001 g）试样（同时另称取试样测定水分），移入容量为 300 mL 的锥形瓶中，加入 200 mL 95℃~100℃的蒸馏水，装上回流冷凝管或空气冷凝管，置于沸水浴中（水浴的水平面需高于装有试样的锥形瓶中液面）加热 3 h，并经常摇荡。

用倾泻法经已恒重的 1G2 玻璃过滤器过滤，用热蒸馏水洗涤残渣及锥形瓶，并将锥形瓶内残渣全部洗入滤器中。继续洗涤至洗液无色后，再多洗 2~3 次，吸干滤液，用蒸馏水洗涤滤器外部，移入烘箱，于（105 ±2）℃烘干至质量恒定。

②结果计算：热水抽出物含量 X_2（%）按下式计算：

$$X_2 = \frac{m_1 - m_3}{m_1} \times 100\%$$

式中，m_1——抽提前试样的绝干质量，g；

　　　m_3——抽提后试样的绝干质量，g。

水抽出物应同时进行两份测定，取其算术平均值作为测定结果，要求修约至小数点后一位，两次测定计算值间偏差不应超过 0.2%。

2.4.2　1% 氢氧化钠抽出物含量的测定

造纸植物纤维原料 1% 氢氧化钠溶液抽出物含量，在一定程度上可用以说明原料受到光、热、氧化或细菌等作用而变质或腐朽的程度。据研究结果，全朽材的 1% 氢氧化钠抽出物含量为全好材的 3.8 倍；为部分腐朽材的 1.7 倍。说明原料腐朽越严重，则其 1% 氢氧化钠溶液抽出物越多。造纸原料的 1% 氢氧化钠抽出物含量的大小，也可在一定程度上预见该原料在碱法制浆中纸浆得率的情况。采用热的 1% 氢氧化钠溶液处理试样，除能溶出原料中能被冷、热水溶出的物质外，还能溶解一部分木素、聚戊糖、聚己糖、树脂酸及糖醛酸等。造纸植物原料 1% 氢氧化钠抽出物含量的测定方法以 GB/T2677.5—1993 为准。

1. 测定原理

测定方法是在一定条件下用 1%（质量分数,）氢氧化钠溶液处理试样，残渣经洗涤烘干后恒重，根据处理前后试样的质量之差，从而确定其抽出物的含量。

2. 仪器

①恒温水浴（室温至 100℃ 可调）；②30 mL 玻璃滤器（1G2）；③容量 300 mL 锥形瓶；④冷凝管；⑤恒温烘箱。

3. 试剂

在做分析时，必须使用分析纯试剂，试验用水应为蒸馏水或去离子水。

①氯化钡溶液（100 g/L）。

②盐酸标准溶液：c（HCl）= 0.1 mol/L。

③乙酸溶液：1:3（体积分数）。

④指示剂溶液：

甲基橙指示液（1 g/L）：称取 0.1 g 甲基橙，溶于水中，并稀释至 100 mL。

酚酞指示液（10 g/L）：称取 1.0 g 酚酞，溶于 95% 的乙醇溶液中，并用乙醇稀释至 100 mL。

溴甲酚氯指示液（1 g/L）：称取 0.1 g 溴甲酚氯，溶于 95% 的乙醇溶液中，并用乙醇稀释至 100 mL。

甲基红指示液（2 g/L）：称取 0.2 g 甲基红，溶于 95% 的乙醇溶液中，并用乙醇稀释至 100 mL。

溴甲酚氯—甲基红指示液：取 3 份的 1 g/L 溴甲酚氯乙醇溶液与 1 份的 2 g，L 甲基红乙醇溶液混合，摇匀。

⑤1%（质量分数）氢氧化钠溶液。配制方法：溶解 10 g 氢氧化钠于蒸馏水中，移入 1 L 的容量瓶内，加水稀释至刻度，摇匀。标定方法：有两种方法。

a. 标定方法之一：用移液管吸取 50 mL 氢氧化钠溶液于 200 mL 容量瓶中，加入 10 mL 的 100 g/L 氯化钡溶液，再加水稀释至刻度，摇匀，静置以使沉淀下降。用干的滤纸及漏斗过滤，精确吸取 50 mL 滤液，滴入 1~2 滴甲基橙指示剂，用 0.1 mol/L HCl 标准溶液进行滴定，按下式计算所配置的氢氧化钠溶液浓度 ω_1（%）：

$$\omega_1 = \frac{V \cdot c \times 40}{1000 \times 12.5} \times 100\%$$

式中，V——滴定时耗用的 HCl 标准溶液的体积，mL；

  c——HCl 标准溶液的浓度，mol/L；

  12.5——滴定时实际取用的 1%（质量分数）氢氧化钠溶液的体积，mL；

  40——NaOH 的摩尔质量，g/mol；

  1000——换算因子。

b. 标定方法之二：称取经 110℃ 烘至质量恒定的苯二甲酸氢钾（$KHC_8H_4O_4$）2 g（称准至 0.0002 g），溶于 80 mL 经煮沸过的水中。加入 2~3 滴酚酞指示剂，直接用所配的 1%（质量分数）氢氧化钠溶液滴定至出现微红色，记下所消耗 1%（质量分数）氢氧化钠溶液的体积，按下式计算其浓度 ω_2（%）：

$$\omega_2 = \frac{m_0 \times 40}{V \times 204.22} \times 100\%$$

式中，m_0——所称取的苯二甲酸氢钾质量，g；

  V——滴定时消耗的 1%（质量分数）氢氧化钠溶液体积，mL；

  204.22——苯二甲酸氢钾的摩尔质量，g/mol；

  40——氢氧化钠的摩尔质量，g/mol。

如与所规定的浓度不符合，则应加入较浓的碱或水，调节至所需浓度 0.9%~1.1%［相当于（0.25 ±0.025）mol/L］之间。

4. 试验步骤

精确称取 1.9~2.1 g（称准至 0.0001 g）试样（同时另称取试样测定水分），放入洁净干燥的容量为 300 mL 的锥形瓶中，准确地加入 100 mL 1%（10 g/L）氢氧化钠溶液，装上回流冷凝器或空气冷凝管，置沸水浴中加热 1 h，在加热 10 min、25 min、50 min 时各摇荡一次。等规定时间到达后，取出锥形瓶，静置片刻以使残渣沉积于瓶底，然后用倾泻法经已恒重的 1G2 玻璃滤器过滤。用温水洗涤残渣及锥形瓶数次，最后将锥形瓶中残渣全部洗入滤器中，用水洗至无碱性后，再用 60 mL 乙酸溶液（1:3，V/V）分两三次洗涤残渣。最后用冷水洗至不呈酸性反应为止（用甲基橙指示剂试验），吸干滤液，取出滤器，用蒸馏水洗涤滤器外部，移入烘箱中，于（105 ±2）℃烘干至质量恒定。

5. 结果计算

1%（质量分数）氢氧化钠抽出物含量 X（%）按下式计算：

$$X = \frac{m - m_1}{m} \times 100\%$$

式中，m_1——抽提前试样绝干质量，g；

m——抽提后试样绝干质量，g。

同时进行两份测定，取其算术平均值作为测定结果，要求结果修约至小数点后一位，两次测定计算值间偏差不应超过 0.4%。

6. 注意事项

使用玻璃滤器过滤沉淀通常采用倾泻法。此时，正确掌握过滤和洗涤操作是提高试验效率的关键。要注意以下事项。

（1）过滤初期，应尽量不使残渣流入玻璃滤器内。残渣在锥形瓶内加水进行充分洗涤以后，再将残渣转移至玻璃滤器上，最后用水洗涤至无碱性为止。

（2）过滤和洗涤过程中，抽吸力不宜太大，以避免残渣堵塞玻璃滤器的孔隙。而且，每次倾倒溶液时，玻璃滤器内都要保持有一定的液体，不要吸干。否则会因滤器孔隙堵塞而影响过滤速度，在进行氢氧化钠抽出物测定时需要特别注意。

（3）氢氧化钠抽出物测定时，因碱性强，使用热水洗涤效果更佳。

2.4.3 有机溶剂抽出物含量的测定

有机溶剂抽出物是指植物纤维原料中可溶于中性有机溶剂的疏水性物质。在制浆造纸工业中，常将有机溶剂抽出物作为原料中树脂成分含量的代表，而树脂成分又包括：萜烯类化合物、芪、黄酮类化合物及其他芳香族化合物。此外，抽出物中尚含有脂肪蜡、脂肪酸和醇类，甾族化合物、高级碳氢化合物等。

有机溶剂抽出物的数量、存在部位和组成，随原料种类的不同而各不相同。针叶木有机溶剂抽出物含量较高（4%左右），且心材较边材含量更高，主要存在于树脂道中，其成分主要是树脂酸、萜烯类化合物、脂肪酸和不皂化物等。阔叶木的有机溶剂抽出物含量较少（一般在1%以下），存在于薄壁细胞中，尤其是木射线薄壁细胞中，其主要成分为游离的及酯化的脂肪酸，不含或只含少量树脂酸。草类原料乙醚抽出物含量很少（1%以下），主要成分为脂肪和蜡；但苯醇抽出物含量较高，一般在3%~6%，有的高达8%，其抽提成分除上述物质外，还含有单宁、红粉与色素等。

1. 造纸原料苯醇抽出物和乙醚抽出物的测定

国家标准 GB/T2677.6—1994 规定了造纸原料苯醇抽出物和乙醚抽出物的测定方法，适用于各种造纸植物纤维原料。

（1）测定原理

测定方法是用有机溶剂（苯－醇混合液或乙醚）抽提试样，然后将抽出液蒸发烘干、称重，从而定量地测定溶剂所抽出的物质含量。

乙醚能抽出原料中所含有的树脂、蜡、脂肪等，而苯－醇混合液不但能抽出原料中所含的树脂、蜡和脂肪，而且还能抽出一些乙醚不溶物，如单宁及色素等。

（2）仪器

①索氏抽提器：容量 150 mL；②恒温水浴；③烘箱；④称量瓶。

（3）试剂

①乙醚（CH_3CH_2）$_2O$：分析纯；② 苯 C_6H_6：分析纯；③ 乙醇 CH_3CH_2OH：95%（质量分数），分析纯；④苯－乙醇混合液（2∶1，体积比）：将 2 体积的苯及 1 体积的 95% 乙醇混合均匀，备用。

（4）测定步骤

精确称取（3±0.2）g（称准至 0.0001 g）已备好的试样（同时另称取试样测定水分），用预先经所要求的有机溶剂（苯－乙醇混合液或乙醚，依测定要求而定）抽提 1～2 h 的定性滤纸包好，用线扎住，不可包得太紧，但亦应防止过松，以免漏出。放进索氏抽提器中，加入不少于150 mL 所需要用的有机溶剂使超过其溢流水平，并多加20 mL左右。装上冷凝器，连接抽提仪器，置于水浴中。打开冷却水，调节加热器使其有机溶剂沸腾速率为每小时在索氏抽提器中的循环不少于 4 次，如此抽提6 h。抽提完毕后，提起冷凝器，如发现抽出物中有纸毛，则应通过滤纸将抽出液滤入称量瓶中，再用少量有机溶剂分次漂洗底瓶及滤纸。用夹子小心地从抽提器中取出盛有试样的纸包，然后将冷凝器重新和抽提器连接，蒸发至抽提底瓶中的抽提液约为 30 mL 为止，以此来回收一部分有机溶剂。

取下底瓶，将内容物移入已烘干恒重的称量瓶中，并用少量的抽提用的有机溶剂漂洗底瓶 3～4 次，洗液亦应倾入称量瓶中。将称量瓶置于水浴上，小心地加热以蒸去多余的溶剂。最后擦净称量瓶外部，置入烘箱，于（105±2）℃烘干至恒重。

（5）结果计算

有机溶剂抽提物含量 X（%）按下式计算：

$$X = \frac{(m_1 - m_0) \times 100}{m_2 (100 - \omega)} \times 100\%$$

式中，m_0——空称量瓶或抽提底瓶的质量，g；

m_1——称量瓶及烘干后的抽出物质量，g；

m_2——风干试样的质量，g；

ω——试样的水分，%。

同时进行平行测定，取其算术平均值作为测定结果。要求准确到小数点后第二位，两次测定计算值间相差不应超过 0.20%。

2. 纸浆苯醇抽出物和乙醚抽出物的测定

纸浆苯醇抽出物或乙醚抽出物的测定方法以 GB/T10741—2008 和 GB/T743—1989 为准，本标准适用于各种化学浆和半化学浆的测定。

纸浆苯醇抽出物和乙醚抽出物的测定原理、仪器、试剂、测定步骤和结果计算，均与造纸原料的测定方法相同。不同之处在于：纸浆试样的称取量为 5 g（称准至 0.0001 g）；在抽提器中抽提时，控制抽提液的循环次数为每小时 6 次。

具体测定步骤和结果计算详见造纸原料有机抽出物含量的测定方法。

3. 纸浆二氯甲烷抽出物的测定

纸浆二氯甲烷抽出物的测定以 GB/T7979—2005 为准，可用于各种化学纸浆和半化学浆的测定。

（1）原理

在索氏抽提器中，用二氯甲烷抽提纸浆，经过至少 24 次循环抽提以后，将溶剂蒸发，剩余残留物在温度（105±2）℃烘干，称至恒重，烘干时间不超过 16 h。

（2）仪器

①索氏抽提器：底瓶容量为 150 mL，抽提器容积约 60 mL；②恒温水浴；③烘箱：能保持温度为（105±2）℃；④称量瓶：D40 mm×25 mm 的扁形称量瓶；⑤天平：感量 0.1 mg；⑥镊子：大号。

（3）试剂

二氯甲烷：分析纯，含量为 99%，沸点 39℃ ~41℃。

（4）测定步骤

称取约 10 g（准确至 0.01 g）纸浆样品（同时另称取试样测定纸浆水分）。

取经过二氯甲烷抽提过的脱脂棉一小团，放入索氏抽提器的排液管出口处，然后将试样放入抽提器内，把相当于抽提器容积 1.5 倍的二氯甲烷加到底瓶中，装上冷凝器，并将仪器放在水浴上加热，保持底瓶内二氯甲烷沸腾。调节抽提速度，使得每小时可循环 8 次，如此抽提 8 h。如速度太慢，可延长时间，使总的循环次数至少为 24 次。抽提液不得带有任何纤维。抽提结束后，把试样取出，然后回收一部分溶剂，直到底瓶中仅剩有少量二氯甲烷为止。取下底瓶，将其内容物转移至已恒重的称量瓶中，用少量二氯甲烷溶剂洗涤底瓶 2 ~3 次，倒入已恒重的称量瓶中，然后将称量瓶置于水浴上，加热蒸去多余溶剂，最后擦净称量瓶外部，放在温度（105 ±2）℃的烘箱中烘干，称至恒重。烘干时间不超过 16 h。

（5）结果计算

用下式计算二氯甲烷抽提物的含量 X（%）：

$$X = \frac{(m_2 - m_1) \times 100}{m_3(100 - \omega)} \times 100\%$$

式中，m_1——称量瓶质量，g；

$\quad\quad m_2$——称量瓶及残渣质重，g；

$\quad\quad m_3$——风干试样质重，g；

$\quad\quad \omega$——试样水分，%。

取两次测定结果的平均值报告结果。计算结果修约至两位小数，两次测定计算值间误差不超过 0.02%。

4. 有机溶剂抽出物测定注意事项

（1）实验所用的有机溶剂易燃、有毒，所以应在通风橱中操作，务必注意安全。

（2）有机溶剂为易燃药品，抽出物蒸干操作必须在水浴上进行，切不可用电炉明火蒸干，以免引起着火。在水浴上也须待溶剂基本挥发完全后，方可放入烘箱中干燥。

（3）用于包扎试样的滤纸和线需预先用该有机溶剂抽提 1～2 h 方可使用，以免滤纸和线中的有机溶剂抽出成分影响试样测定结果的准确性。

（4）用滤纸包扎的试样包的长度，应低于索氏抽提器溢流管的高度（即最大抽提液面高度），以保证抽提效果。

（5）抽提液循环次数和抽提时间是保证抽提作用完全的关键，应严格按标准操作。特别要注意索氏抽提器的质量，避免出现抽提液回流高度不够、达不到抽提效果的现象发生，否则应更换仪器。

2.5　纤维素和综纤维素含量的测定

2.5.1　纤维素含量的测定

纤维素是植物纤维原料的主要组分之一，也是纸浆的主要化学组分。无论制浆造纸过程还是人造纤维生产，纤维素都是要尽量保持使之不受破坏的成分。测定造纸原料纤维素含量具有实际意义，可用以比较不同原料的造纸使用价值。植物纤维原料中纤维素的含量依据原料种类和部位等的不同而有差别。例如，棉花纤维素含量最高，为 95%～99%；苎麻为 80%～90%；木材和竹子为 40%～50%；树皮为 20%～30%。禾草类纤维素含量差别较大，一般在 38%～55% 之间（稻草 37%～39%，蔗渣 46%～55%，芦苇 55% 左右）。红麻的木质部与韧皮部分别为 46% 和 57%，棉秆的木质部与韧皮部则分别为 41% 和 36%。

纤维素的定量测定方法有间接法和直接法两类。

所谓间接方法，主要是采用测定植物纤维原料中各种非纤维素成分的量，再由 100 减去全部非纤维素组分含量之和的方法；或是采用以强酸将纤维素水解，使其生成还原糖，根据测得还原糖的含量，再换算成纤维素的含量。然而，由于这些方法存在诸多缺陷，而很少采用。

直接法测定纤维素含量的方法应用较为广泛，其原理是基于利用化学试剂处理试样，使试样中的纤维素与其他非纤维素物质（如木素、半纤维素、有机溶剂抽出物等）分离，最后测定纤维素的量。根据使用的化学试剂不同，可分为氯化法、硝酸法、乙醇胺法、二氧化氯法、次氯酸盐和过乙酸法等。最常用的方法是氯化法（克 - 贝纤维素）和硝酸法（硝酸 - 乙醇纤维素）。

氯化法的优点是处理条件比较温和，故纤维素被破坏的程度比硝酸法轻，但操作手续较繁、测定装置也较复杂，且不适用于非木材原料中纤维素的测定，这是由于非木材原料的半纤维素含量高，通氯后易发生糊化，使纤维素氯化不均匀，这不仅给操作带来困难（如过滤慢），而且影响测定结果。用氯化法制得的纤维素样品几乎不含有木素，但含有大量的半纤维素，其中主要是木糖和甘露糖，为了得到更接近于纤维素真实含量的精确结果，需对非纤维素物质，如木素残渣、聚戊糖、聚甘露糖和灰分等的含量进行测定，以便进行相应的校正。一般只对聚戊糖含量进行校正，所得结果以无聚戊糖克-贝纤维素含量表示。这无疑更增加了操作的繁琐性。

　　硝酸法的优点是不需要特殊装置，操作较简便、迅速。且试样不需预先用有机溶剂抽提，因为抽出物在试验过程中亦可被乙醇溶出。用硝酸-乙醇法制得的纤维素仅含少量的木素和半纤维素，纯度比氯化法的高。所以此法更被广泛采用。

　　值得指出的是，采用直接法测定的纤维素含量一般都高于原料中纤维素的实际含量，这是因为采用直接法分离出的纤维素都是不太纯净的，而是含有数量不等的非纤维素的杂质。

　　据资料，对两种方法制得纤维素中成分分析结果表明，两种方法的纤维素中基本不含木素，但会有较多的聚戊糖。氯化法可除去原始聚戊糖含量的 1/3，而硝酸法则可除去 2/3。对针叶木而言，氯化法纤维素中含有聚戊糖 9%～12%，而硝酸-乙醇法纤维素中聚戊糖的含量为 5%～6%。对阔叶木而言，氯化纤维素中聚戊糖含量为 23%～24%，而硝酸-乙醇法纤维素中为 9%～10%。据另一资料介绍，云杉原料的氯化纤维素中含有8.9% 的聚戊糖和 0.11% 的木素；云杉硝酸-乙醇纤维素中含有 7.07% 的聚戊糖和 0.39% 的木素。蔗渣氯化纤维素中含有聚戊糖 25.7% 和木素1.89%；而蔗渣硝酸-乙醇纤维素中，则含有聚戊糖和木素各占 19.9%和 4.59%。

　　上述数据说明，直接法测得纤维素含量结果并不能真实地反映原料中纤维素的含量。因此，目前较少单独测定纤维素的含量，而是采用测定综纤维素和聚戊糖含量的方法来观察造纸原料中纤维素和半纤维素含量的情况，并以此来表征原料的使用价值。下面介绍硝酸-乙醇纤维素的测定方法。

1. 测定原理

　　此法基于使用浓硝酸和乙醇溶液处理试样，试样中的木素被硝化并有部分被氧化，生成的硝化木素和氧化木素溶于乙醇溶液。与此同时，亦有大量的半纤维素被水解、氧化而溶出，所得残渣即为硝酸-乙醇纤维素。

乙醇介质可以减少硝酸对纤维素的水解和氧化作用。

2. 仪器

①回流冷凝装置；②真空吸滤装置；③实验室常用仪器。

3. 试剂

硝酸－乙醇混合液：量取 800 mL 乙醇（95%）于干的 1000 mL 烧杯中。徐徐分次加入 200 mL 硝酸（密度 1.42 g/cm³），每次加入少量（约 10 mL）并用玻璃棒搅匀后始可续加。待全部硝酸加入乙醇后，再用玻璃棒充分和匀，贮于棕色试剂瓶中备用（硝酸必须慢慢加入，否则可能发生爆炸）。

硝酸－乙醇混合液只宜用前临时配制，不能存放过久。

4. 测定步骤

精确称取 1 g（称准至 0.0001 g）试样于 250 mL 洁净干燥的锥形瓶中（同时另称取试样测定水分），加入 25 mL 硝酸－乙醇混合液，装上回流冷凝器，放在沸水浴上加热 1 h。在加热过程中，应随时摇荡瓶内容物，以防止试样跳动。

移去冷凝管，将锥形瓶自水浴上取下，静置片刻。待残渣沉积瓶底后，用倾泻法滤经已匣重的 1G2 玻璃滤器，尽量不使试样流出。用真空泵将滤器中的滤液吸干，再用玻璃棒将流入滤器的残渣移入锥形瓶中。量取 25 mL 硝酸－乙醇混合液，分数次将滤器及锥形瓶口附着的残渣移入瓶中。装上回流冷凝器，再在沸水浴上加热 1 h。如此重复施行数次，直至纤维变白为止。一般阔叶木及稻草处理三次即可，松木及芦苇则需处理五次以上。

最后将锥形瓶内容物全部移入滤器，用 10 mL 硝酸－乙醇混合液洗涤残渣，再用热水洗涤至洗涤液用甲基橙试之不呈酸性反应为止。最后用乙醇洗涤两次。吸干洗液。将滤器移入烘箱，于（105±2）℃烘干至恒重。

如为草类原料，则须测定其中所含灰分。为此，可将烘干恒重后有残渣的玻璃滤器置于一较大的磁坩埚中，一并移入高温炉内，徐徐升温至（575±25）℃至残渣全部灰化并达恒重为止。而且，空的玻璃滤器应先放入一较大的瓷坩埚中，置入高温炉内于（575±25）℃灼烧恒重，再置于（105±2）℃烘箱中烘至恒重。记录这两个恒重数字。

5. 结果计算

（1）木材原料纤维素含量 X_1（%）按式（1）计算：

$$X_1 = \frac{(m_1 - m_2)}{m_0 \ (100 - \omega)} \times 100\%$$

式中，m_1——烘干后纤维素与玻璃滤器的质量，g。m_2——空玻璃滤器质量，g。m_0——风干试样质量，g。ω——试样水分，%。

（2）草类原料纤维素含量 X_2（%）按式（2）计算：

$$X_2 = \frac{(m_1 - m_2) \ - \ (m_3 - m_4)}{m_0 \ (100 - \omega)} \times 100\%$$

式中，m_1、m_2、m_0、ω 同（1）。m_3——灼烧后玻璃滤器与灰分的质量，g。m_4——空玻璃滤器灼烧后的质量，g。

6. 注意事项

（1）配制硝酸－乙醇混合液时，应在通风橱内进行，必须分数次慢慢将硝酸加入乙醇中，否则容易发生爆炸。

（2）用倾泻法过滤沉淀时，应尽量不使残渣流入滤器中，以免因硝酸－乙醇混合液量少，而不能将滤器及锥形瓶内附着的残渣移入瓶内，从而影响测定结果，同时可提高过滤速度。

2.5.2　综纤维素含量的测定

综纤维素是指植物纤维原料中纤维素和半纤维素的全部，也即碳水化合物总量。综纤维素含量依原料种类和部位不同而异，一般针叶木为 65% ~73%；阔叶木为 70% ~82%；禾本科植物为 64% ~80%。

制定综纤维素含量测定方法的原则，是要求木素尽量除去完全，而使纤维素和半纤维素不受破坏。测定综纤维素含量的方法有：亚氯酸钠法、氯－乙醇胺法、二氧化氯法、过醋酸法和过醋酸－硼氢化钠法等。目前多采用亚氯酸钠法测定综纤维素含量，该法的优点是分离操作简便，木素能较迅速除去，而且适用于木材和非木材等各种植物纤维原料的测定。

下面介绍亚氯酸钠法测定综纤维素含量的方法（以 GB/T2677.10—1995），适用于各种木材和非木材植物纤维原料。

1. 测定原理

测定方法是在 pH 为 4 ~5 时，用亚氯酸钠处理已抽出树脂的试样，以除去所含木素，定量地测定残留物量，以百分数表示，即为综纤维素含量。

酸性亚氯酸钠溶液加热时发生分解，生成二氧化氯、氯酸盐和氯化物等，其反应如下：

$$ClO_2^- + H^+ \xrightarrow{H^+} HClO_2$$
$$4HClO_2 \longrightarrow 2ClO_2 + HClO_3 + HCl + H_2O$$

生成产物的分子比例取决于溶液的温度、pH 值、反应产物及其他盐类的浓度。在本测定方法规定的条件下，上述三种分解产物的分子比例约为 2:1:1。

亚氯酸钠法测定综纤维含量是利用分解产物中的二氧化氯与木素作用而将其脱除，然后测定其残留物量即得综纤维素含量。测定时需用酸性亚氯酸钠溶液重复处理试样，处理次数依原料种类不同而有所区别，处理次数的选择是要尽量多除去木素，而且还要使纤维素和半纤维素少受破坏。通常木材试样处理 4 次，非木材原料处理 3 次。采用亚氯酸钠法分离的综纤维素中仍保留有少量木素（一般为 2%~4%）。

2. 仪器

①可控温恒温水浴；②索氏抽提器：150 mL 或 250 mL；③综纤维素测定仪（如图 2-5-1），其中包括：一个 250 mL 锥形瓶和一个 25 mL 锥形瓶；④1G2 玻璃滤器；⑤真空泵或水抽子；⑥抽滤瓶：1000 mL。

3. 试剂

①2:1 苯醇混合液：将 2 体积苯和 1 体积 95% 乙醇混合并摇匀；②亚氯酸钠：化学纯级以上；③冰醋酸：分析纯。

4. 测定步骤

（1）抽出树脂

精确称取 2 g（称准至 0.0001 g）试样，用定性滤纸包好并用棉线捆牢，按 GB/T2677.6 进行苯醇抽提（同时另称取试样测定水分）。最后将试样风干。

（2）综纤维素的测定

打开上述风干的滤纸包，将全部试样移入综纤维素测定仪

（图 2 - 5 - 1）的 250 mL 锥形瓶中。加入 65 mL 蒸馏水、0.5 mL 冰醋酸、0.6 g 亚氯酸钠（按 100% 计），摇匀，扣上 25 mL 锥形瓶，置 75℃恒温水浴中加热 1 h，加热过程中，应经常旋转并摇动锥形瓶。到达 1 h 不必冷却溶液，再加入 0.5 mL 冰醋酸及 0.6 g 亚氯酸钠，摇匀，继续在 75℃水浴中加热 1 h，如此重复进行（一般木材纤维原料重复进行四次，非木材纤维原料重复进行三次），直至试样变白为止。

图 2 - 5 - 1　综纤维素测定仪

从水浴中取出锥形瓶放人冰水浴中冷却，用已恒重的 1G2 玻璃滤器抽吸过滤（必须很好地控制真空度，不可过大），用蒸馏水反复洗涤至滤液不呈酸性反应为止。最后用丙酮洗涤 3 次，吸干滤液取下滤器，并甩蒸馏水将滤器外部洗净，置（105 ±2）℃烘箱中烘至恒重。

如为非木材原料，尚须按 GB/T2677.3 测定综纤维素中的灰分含量。

5. 结果计算

木材原料中综纤维素含量 X_1（%）按下式计算：

$$X_1 = \frac{m_1}{m_0} \times 100\%$$

式中，X_1——木材原料中综纤维含量,%；

　　m_1——烘干后综纤维素含量，g；

　　m_0——绝干试样质量，g。

非木材原料中综纤维含量 X_2（%）按下式计算：

$$X_2 = \frac{m_1 - m_2}{m_0} \times 100\%$$

式中，m_1——烘干后综纤维素含量，g。

　　m_2——综纤维素中灰分含量，g。

m_0——绝干试样质量，g。

同时进行两次测定，取其算术平均值作为测定结果，准确至小数点后第二位。两次测定计算值之间误差不应超过 0.4%。

6. 注意事项

（1）测定应在酸性条件下进行，因此，应务必注意冰醋酸加入量要足够（0.5 mL），否则会因亚氯酸钠分解反应不充分，使木素不能有效除去，试样不变白，导致测定结果偏高。

（2）亚氯酸钠的加入量以 100% 计为 0.6 g，实际加入量应按附录方法分析其含量（或纯度）后计算得出。一般亚氯酸钠的纯度为 75% 左右。

（3）在水浴上反应时，要经常摇动反应锥形瓶，以使反应均匀。反应中，倒置的小锥形瓶内充满黄色反应气体，因此不要开启小锥形瓶。反应结束后也要待锥形瓶充分冷却、有毒气体散尽后，再将倒置的小锥形瓶取下，进行过滤。

（4）过滤操作应注意不要吸滤太快，玻璃滤器内的液体不要吸干，以免综纤维素堵塞玻璃滤器滤孔，影响过滤速度。

（5）丙酮洗涤时，应控制丙酮用量少些，以节约药品。

（6）非木材原料尚需测定综纤维素中的灰分，为此可将盛有综纤维素的玻璃滤器置于一大瓷坩埚中，移入高温炉中灼烧至恒重；也可将已恒重的综纤维素小心转移至坩埚中，按灰分测定的操作步骤进行。

2.6　聚戊糖含量的测定

造纸植物纤维原料的主要成分之一是半纤维素。它是指除纤维素和果胶以外的植物细胞壁聚糖，也叫作非纤维素的碳水化合物。半纤维素经酸水解可生成多种单糖，其中有五碳糖（木糖和阿拉伯糖）和六碳糖（甘露糖、葡萄糖、半乳糖、鼠李糖等）。聚戊糖是指半纤维素中五碳糖组成的高聚物的总称。测定聚戊糖含量通常采用 12% 盐酸水解的方法，它是测定半纤维素五碳聚糖的总量。如欲测定半纤维素中各种单糖组分的含量，则可将试样经酸水解成单糖，然后采用气、液相色谱法对各种单糖组分分离和鉴定（以 GB/T12032—1989 为准）。造纸原料和纸浆中聚戊糖含量测定的国家标准（GB/T2677.9—1994 造纸原料多戊糖的测定方法和 GB/T745—2003 纸浆多戊糖含量的测定）规定了两种方法：容量法（溴化法）和分光光度法。下面将主要介绍容量法（溴化法）测定造纸原料和纸浆中聚戊糖含量的方法。

2.6.1　容量法的测定原理

测定的方法是将试样与 12%（质量分数）盐酸共沸，使试样中的聚戊糖转化为糠醛。用容量法（溴化法）定量地测定蒸馏出来的糠醛含量，然后换算成聚戊糖含量。

1. 聚戊糖转化为糠醛的反应原理及其影响因素

（1）蒸馏反应原理

试样和 12% 盐酸共沸，使试样中的聚戊糖水解生成戊糖，戊糖进一步脱水转化为糠醛，并将蒸馏出的糠醛经冷凝后收集于接收瓶中。反应式为：

$$(C_5H_8O_4)_n + nH_2O \xrightarrow{H^+} nC_5H_{10}O_5 \xrightarrow{脱水} nC_5H_4O_2$$

聚戊糖　　　　　　　戊糖　　　　　　　糠醛

戊糖　　　　　　　　　　　　　糠醛

（2）影响蒸馏的因素

试样蒸馏时，糠醛的得率是影响测定结果的最重要的指标。由于各种反应因素的影响，会使糠醛得率产生误差。因此，在测定时常采取一些有效措施，以保证测定结果的准确性。糠醛得率的主要影响因素和采取的措施如下所述。

①盐酸浓度的影响。盐酸的浓度直接影响蒸馏的效果，目前标准测定方法多采用 12%（质量分数）的盐酸来蒸馏试样。同时，为了要尽可能地使蒸馏过程中酸的浓度保持在恒定的范围之内，通常采取的措施是：A.

在蒸馏时加入一定量的食盐（氯化钠），以使酸的浓度在蒸馏过程中保持在比较恒定的范围。同时，加入食盐也可以提高溶液的沸点，以达到较高转化温度的要求。B. 在蒸馏过程中，馏出液的量是以加入新盐酸的方法来补充的，由于补加盐酸是间断加入（一般每次 30 mL），因而在蒸馏过程中，盐酸的浓度会发生变化（变化范围为 12% ~21%）。为了保持蒸馏过程中盐酸浓度的变化范围相对较小，操作中必须严格控制补加盐酸溶液的时间和数量，以提高糠醛的得率。

②蒸馏速度的影响。蒸馏速度是蒸馏的重要影响因素之一。提高蒸馏速度可以减少糠醛在蒸馏过程中的分解；但若蒸馏速度太快，则因糠醛不能从反应物中完全分离出来，而影响测定结果。标准测定方法规定，控制 10 min 内蒸馏出 30 mL 馏出液；当原料试样质量为 1 ~2 g 时，使糠醛完全蒸馏出来的馏出液总量应为 300 ~360 mL。蒸馏温度是实现蒸馏速度的保证。糠醛的沸点为 162℃，一般蒸馏温度为 164℃ ~166℃。若温度太高，糠醛可能分解。采用可控温电炉加热的方法，可以达到控制蒸馏速度的要求。

③试样中其他易挥发物质的影响。由于植物纤维原料成分复杂，在试样蒸馏过程中，除聚戊糖可以转化为糠醛外，其他一些物质也可能形成糠醛，因而造成测定结果的误差。例如，试样中含有聚甲基戊糖，能产生甲基糠醛（沸点为 187℃）；聚糖醛酸和聚糖醛酸甙水解分离出二氧化碳，并转化成糠醛；聚己糖水解成己糖，再脱水形成羟甲基糠醛；果胶与盐酸加热时亦可主成糠醛。上述副反应将会使糠醛测量结果偏高。此外，木素和丹宁在盐酸的作用下能与糠醛生成缩合物，因此可能减少蒸馏液中糠醛的含量。

2. 容量法（溴化法）测定糠醛含量的原理

蒸馏产生的糠醛，可采用容量法（溴化法）进行定量测定。

溴化法是基于加入一定量溴化物与溴酸盐的混合液于糠醛馏出液中，溴即按下式析出，并与糠醛作用：

$$5KBr + KBrO_3 + 6HCl \longrightarrow 3Br_2 + 6KCl + 3H_2O$$

过剩的溴在加入碘化钾后，立即析出碘。再用硫代硫酸钠标准溶液以淀粉为指示剂进行反滴定，即可求得溴的实际消耗量，由此可计算出糠醛的含量，然后再计算出聚戊糖的含量。其反应式如下：

$$3Br_2 + 6KI \longrightarrow 3I_2 + 6KBr$$

$$3I_2 + 6Na_2S_2O_3 \longrightarrow 6NaI + 3Na_2S_4O_6$$

溴与糠醛的反应因条件不同而异，通常分为二溴化法和四溴化法两种。可根据具体情况选择。

根据鲍维尔和维达克等人的研究,含糠醛的溶液在室温下与过量溴作用 1 h,1 mol 的糠醛可与 4.05 mol 的溴化合,称为四溴化法。反应式如下:

$$
\underset{O}{\overset{CH-CH}{\underset{CH}{|}} \; \overset{O}{\underset{C-C}{||}}} + 2Br_2 \longrightarrow \underset{O}{\overset{HCBr-CHBr}{\underset{HCBr}{|}} \; \overset{O}{\underset{CBr-C}{|}}} \overset{}{\underset{H}{}}
$$

如温度在 0℃ ~2℃ 作用 5 min 时,则 1 mol 糠醛将与 2 mol 溴化合,称为二溴化法。反应式如下:

$$
\underset{O}{\overset{CH-CH}{\underset{CH}{|}} \; \overset{O}{\underset{C-C}{||}}} + Br_2 \longrightarrow \underset{O}{\overset{HCBr-CH}{\underset{HCBr}{|}} \; \overset{O}{\underset{C-C}{||}}} \overset{}{\underset{H}{}}
$$

两种溴化法相比,二溴化法准确度较高,用已知糠醛含量的溶液进行测定,其准确度达 0.4% 以上;试验还表明溴化时间延长到 60 min,溴被进一步消耗的量亦很少。因此一般认为二溴化法较四溴化法准确度高。但四溴化法如能严格控制溴化时的温度在 20℃ ~25℃,其准确度也不次于二溴化法。

总之,不论采取何种方法,均须严格控制各自所规定的反应温度和时间等条件,以保证结果的准确性。

2.6.2 仪器

主要仪器有:①糠醛蒸馏装置(如图 2 - 6 - 1),其组成如下:1—圆底烧瓶(容量 500 mL);2—蛇形冷凝器;3—滴液漏斗(容量 60 mL);4—接收瓶(500 mL,具有 30 mL 间隔刻度);②可控温电炉;③可控温多孔水浴;④容量瓶:50 mL 及 500 mL;⑤具塞锥形瓶:500 mL 及 1000 mL。

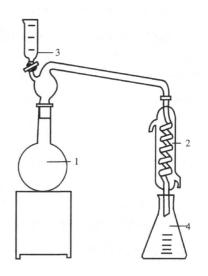

图 2 - 6 - 1 糠醛蒸馏装置

2.6.3 试剂

12%（质量分数）盐酸溶液：量取 307 mL 盐酸（$\rho_{20} = 1.19$ g/cm^3），加水稀释至 1000 mL。加酸或加水调整，使其 $\rho_{20} = 1.057$ g/cm^3。

溴酸钠–溴化钠溶液：称取 2.5 g 溴酸钠和 12.0 g 溴化钠（或称取 2.8 g 溴酸钾和 15.0 g 溴化钾），溶于 1000 mL 容量瓶中，并稀释至刻度。

硫代硫酸钠标准溶液 [c（Na$_2$S$_2$O$_3$）$= 0.1$ mol/L]：称取 25.0 g 硫代硫酸钠（Na$_2$S$_2$O$_3$ · 5H$_2$O）和 0.1 g Na$_2$CO$_3$，溶于新煮沸而已冷却的 1000 mL 蒸馏水中，充分摇匀后静置一周，过滤，标定其浓度。

乙酸苯胺溶液：量取 1 mL 新蒸馏的苯胺于烧杯中加入 9 mL 冰乙酸搅拌均匀。1 mol/L NaOH 溶液：溶解 2 g 分析纯氢氧化钠于水中加水稀释至 50 mL。酚酞指示液（10 g/L）；碘化钾溶液（100 g/L）；淀粉指示液（5 g/L）；氯化钠：分析纯。

2.6.4 测定步骤

1. 糠醛的蒸馏

精确称取试样（试样中聚戊糖含量高于 12% 者称取 0.5 g，低于 12% 者称取 1 g，精确至 0.1 mg）（同时另称取试样测定水分），置入 500 mL 圆底烧瓶中。加入 10 g 氯化钠和数枚小玻璃球，再加入 100 mL 12% 的盐酸溶液。装上冷凝器和滴液漏斗，倒一定量的 12% 盐酸于滴液漏斗中。调节电炉温度，使圆底烧瓶内容物沸腾，并控制蒸馏速度为每 10 min 蒸馏出 30 mL 馏出液。此后每当蒸馏出 30 mL，即从滴液漏斗中加入 12% 盐酸 30 mL 于烧瓶中。至总共蒸出 300 mL 馏出液时，用乙酸苯胺溶液检验糠醛是否蒸馏完全。为此，用一试管从冷凝器下端集取 1 mL 馏出液，加入 1~2 滴酚酞指示剂，滴入 1 mol/L 氢氧化钠溶液中和至恰显微红色，然后加入 1 mL 新配制的乙酸苯胺溶液，放置 1 min 后如显红色，则证实糠醛尚未蒸馏完毕，仍须继续蒸馏；如不显红色，则表示蒸馏完毕。

糠醛蒸馏完毕后，将接收瓶中的馏出液移入 500 mL 容量瓶中，用少量 12% 盐酸漂洗接收瓶，并将全部洗液倒入容量瓶中，然后加入 12% 盐酸至刻度，充分摇匀后得到馏出液 A。

2. 糠醛的测定及结果计算

（1）二溴化法

用移液管吸取 200 mL 馏出液 A 于 1000 mL 锥形瓶中，加入 250 g 用蒸馏水制成的碎冰，当馏出液降至 0℃时，加入 25 mL 溴酸钠 – 溴化钠溶液，迅速塞紧瓶塞，在暗处放置 5 min，此时溶液温度应保持在 0℃。

达到规定时间后，加入 100 g/L 碘化钾溶液 10 mL，迅速塞紧瓶塞，摇匀，在暗处放置 5 min。用 0.1 mol/L $Na_2S_2O_3$ 标准溶液滴定，当溶液变为浅黄色时，加入 5 g/L 淀粉溶液 2~3 mL，继续滴定至蓝色消失为止。

另吸取 12% 盐酸溶液 200 mL，按上述操作进行空白试验。

糠醛含量 X（%）按下式计算：

$$X = \frac{(V_1 - V_2)\ c \times 0.048 \times 500}{200m} \times 100\%$$

式中，V_1——空白试验所耗用的 0.1 mol/L $Na_2S_2O_3$ 标准溶液体积，mL；

　　　V_2——试样所耗用的 0.1 mol/L $Na_2S_2O_3$ 标准溶液体积，mL；

　　　c——$Na_2S_2O_3$ 标准溶液浓度，mol/L；

　　　m——试样绝干质量，g；

　　　0.048——与 1.0 mL $Na_2S_2O_3$ 标准溶液 $[\,c(Na_2S_2O_3) = 0.1000$ mol/L$]$ 相当的糠醛质量，g。

（2）四溴化法

用移液管吸取 200 mL 馏出液 A 于 500 mL 锥形瓶中，再吸取 25.0 mL 溴酸钠 – 溴化钠溶液于锥形瓶中，迅速塞紧瓶塞，在暗处放置 1 h，此时溶液温度控制为 20℃~25℃。达到规定时间后，加入 100 g/L 碘化钾溶液 10 mL，迅速塞紧瓶塞，摇匀，在暗处放置 5 min。用 0.1 mol/L $Na_2S_2O_3$ 标准溶液滴定，当溶液变为浅黄色时，加入 5 g/L 淀粉溶液 2~3 mL，继续滴定至蓝色消失为止。

另吸取 12% 盐酸溶液 200 mL，按上述操作进行空白试验。

糠醛含量 X（%）按下式计算：

$$X = \frac{(V_1 - V_2)\ c \times 0.024 \times 500}{200m} \times 100\%$$

式中，V_1——空白试验所耗用的 0.1 mol/L $Na_2S_2O_3$ 标准溶液体积，mL；

　　　V_2——试样所耗用的 0.1 mol/L $Na_2S_2O_3$ 标准溶液体积，mL；

　　　c——$Na_2S_2O_3$ 标准溶液浓度，mol/L；

m——试样绝干质量，g；

0.024——与 1.0 mL 标准溶液 $[c(Na_2S_2O_3) = 0.1000\ mol/L]$ 相当的糠醛质量，g。

2.6.5　聚戊糖的结果计算

试样中聚戊糖含量 Y（%）按下式计算：

$$Y = KX$$

式中，K——系数。当试样为木材植物纤维时，$K = 1.88$。当试样为非木材植物纤维或纸浆时，$K = 1.38$。

同时进行两次测定，取其算术平均值作为测定结果。测定结果计算至小数点后第二位，两次测定计算值间相差不应超过 0.40%。

2.6.6　注意事项

（1）糠醛蒸馏易造成误差，实验时一定严格掌握蒸馏操作条件（蒸馏速度、补加盐酸间隔和数量等），以保证最佳的糠醛得率。

（2）试样与盐酸共沸时，容易产生爆沸现象，而使试样溅留在蒸馏瓶上部器壁处。为此，可在圆底蒸馏瓶中放入数粒玻璃球，并注意调节适宜的蒸馏温度，以使蒸馏过程正常进行。

（3）蒸馏过程中糠醛蒸气外逸是造成收集糠醛得率偏低的主要原因，因此，务必注意检查接口处磨口是否严密。也可在圆底烧瓶磨口处用 12% 盐酸封口，并用湿润的 pH 试纸置于磨口附近（不要与瓶口接触），测试有无酸性气体逸出。如 pH 试纸显红色则表明磨口处不够严密，如逸气严重应更换糠醛蒸馏装置，重新测定。

（4）采用溴化法测定糠醛含量时，务必严格控制规定的温度和时间。四溴化法要严格控制溴化温度在 20℃ ~25℃ 范围；二溴化法加入冰时要足量，确保溶液温度在 0℃（溶液中存有过量冰块）。

（5）糠醛蒸馏时，一般蒸馏温度为 164℃ ~166℃。以前曾采用甘油浴加热，虽然受热比较均匀，但甘油挥发易造成空气污染。现多采用空气浴加热的方式，即用可控温电炉直接加热的方法，可达到控制蒸馏速度的目的，且操作简便。

第3章 现代制浆技术和设备

经过净化和筛选以后的纸浆，其纤维表面坚硬且富有弹性，在造纸过程中彼此之间的结合性能较差，经过滤网时难以分布均匀，会造成所生产的纸张表面粗糙、疏松多孔、纸张强度低，满足不了纸张使用需要，因此不能将其未经处理就直接用于造纸。为了使最后生产出来的纸张在达到预期质量效果的同时还要满足纸机的特性要求，要对纸浆进行打浆处理。即通过物理方法提升纸浆纤维的性能，使最后呈现出来的纸张均匀密实、手感光滑、强度较大。

打浆主要有两个目的。

（1）将纸浆置于水中，纸浆纤维形成悬浮液，利用物理方式使其通过打浆设备转子和定子之间狭窄的缝隙，接着通过设备一系列机械处理（剪切、撞击、揉搓等）使纸浆满足纸张抄造的要求，如机械强度等，最后得到预期质量的产品。

（2）纸浆在滤网上滤水能力可以通过打浆得到改善，充分满足了纸机生产的要求。

3.1 打浆理论探索

纸浆纤维通过打浆处理可以产生一系列作用，如变形、润胀、细纤维化和切断等。为了对打浆原理有更深刻的认识，下面简单介绍一下纸浆纤维细胞壁的结构。

3.1.1 纸浆的纤维细胞壁构成

纸浆的原材料是植物，其纤维细胞壁由胞间层、初生壁和次生壁三部分构成。以木材纤维为例，纤维细胞壁的结构见图3－1－1。

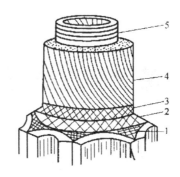

1—胞间层；2—初生壁；3—次生壁外层；
4—次生壁中层；5—次生壁内层

图 3 - 1 - 1　纤维细胞壁结构示意图

1. 胞层间

胞间层（M）是细胞间的连接层，厚度为 1 ~ 2μm，含纤维素极少，主要成分是木素。因为所起作用不大，在此就不做详细阐述。

2. 初生壁

初生壁（P）仅次于胞间层，也属于细胞壁的外层结构。初生壁是一层很薄的多孔状薄膜，其厚度仅为 0.1 ~ 0.3μm。微纤维组成初生壁时呈现不规则的网状结构，其中包括了大量的木素和半纤维素。不吸水，不易润胀，具有透水性。

初生壁呈环状结构包裹在次生壁外，使得次生壁无法与外界接触，从而阻碍纤维细胞的细纤维化和吸水润胀。因此打浆的其中一个作用就是打破除去束在次生壁上的初生壁。

3. 次生壁

次生壁（S）在结构上分为外层、中层和内层，分别用 S_1、S_2 和 S_3 表示，属于纤维细胞壁的内层。

次生壁外层（S_1）是较薄的一层，厚度约为 0.1 ~ 1μm。在从纤维细胞壁的结构上来讲，次生壁外层紧邻着初生壁，是初生壁与次生壁中层的过渡；从组成上来讲，次生壁外层和初生壁的组成的化学成分很接近，是由许多干层细纤维的同心层组成的，其组成纤维的排列方向垂直于纤维细胞壁的轴向（缠绕角 70° ~ 90°）。由于两者的结合紧密，且次生壁外层的微纤维的结晶度比较高，对化学和机械作用的阻力较大，因此次生壁外层同初生壁一样，都会对中层的润胀和细纤维化产生限制作用。所以在进行打浆操作时次生壁外层也是必须打破的。

次生壁中层（S2）是纤维细胞壁的主体，拥有最高的厚度，约为 3 ~ 10μm，可以达到整个纤维细胞壁的 70% ~ 80%。组成次生壁中层的若干细纤维呈现螺旋状单一取向的排列方式，与纤维轴向几乎平行（缠绕角 0° ~ 45°），其中所占含量高的是纤维素和半纤维素，木素的含量相对较少。中层是打浆操作的主要处理对象。

次生壁内层（S3）在纤维细胞壁中占不到 10%，同样也是由细纤维同心层组成，但层数少，厚度薄，仅约为 0.1μm，其组成中含量较高的是纤维素，较低的是木素。次生壁内层的排列方式在初生壁很类似，与纤维细胞壁的轴向缠绕角也在 70° ~ 90° 之间。次生壁内层的化学性质较为稳定，在进行打浆处理时内层通常不作考虑。

3.1.2 打浆的作用

1. 破除初生壁和次生壁外层

初生壁包裹在次生壁外，阻碍其和外界接触，当纤维经过蒸煮和漂白后，依旧会剩余一些初生壁的存在，继续限制次生壁润胀。另外，初生壁和次生壁外层中含有较多的木素，可以透水却不能润胀，在次生壁中层上紧紧包围着，中层中的细纤维无法得到松散和润胀，对纤维的结合力产生了极大的影响。所以在打浆过程中需要依靠机械作用把初生壁和次生壁外层打破除去，以便于纤维产生润胀和细纤维化的作用。

在进行打浆处理操作时，使用的制浆方法不同，选用的原料不同，带来的破除初生壁和次生壁外层的效果就不尽相同。例如，草浆与木浆相比，初生层易破除，次生壁外层难破除；亚硫酸盐纸浆和硫酸盐纸浆相比，初生层和次生壁外层都比较容易破除。究其原因，在蒸煮过程中，选取的药液，其所具有的化学性质和进入纤维时的途径有所不同。

对初生壁破除情况进行的实验研究表明：用 PFI 磨对漂白亚硫酸盐木浆和未漂硫盐木浆进行打浆，对于漂白亚硫酸盐浆，仅在 500 转，即稍微打浆至 16°SR 时，半数以上的纤维失掉了部分的初生壁；在 2000 转时，打浆度约 22°SR，纤维初生壁几乎全部受到破坏。而对于未漂白的硫酸盐浆，初生壁的破除速度则要慢得多。

2. 吸水润胀

润胀是一种物理现象，具体指的是高分子化合物的体积在其吸收液体时随之膨胀的现象。通常在造纸工业中润胀也被叫作纤维的"水化"或"润胀水化"，纤维的"水化"作用用物理方法连接纤维和水分子，与化学上所讲到的"水化"是两个概念，两者完全不同。

润胀之所以可以在纤维中产生作用，是因为纤维中含有大量的纤维素和半纤维素，其分子结构中具有可以和水分子极性相吸和极性羟基。当水分子被吸引到次生壁中层纤维素的无定形区时，会产生使纤维变形的作用，拉大纤维素分子链之间的距离，破坏分子间氢键，释放更多游离羟基，增加润胀的作用效果。同时，打破初生壁和次生壁外层后，大量水分子被极性羟基所吸引，进入纤维素的无定形区，大大加快了纤维的润胀作用。纤维所产生的润胀效果降低了纤维内部分子间的黏聚力，使纤维松弛柔软，具有可塑性，某种程度上，还会感觉到油腻。润胀还使纤维的体积增大，是较原来的 2~3 倍，纤维之间的接触面积也有所增加，在造纸时提升纸张的强度，减小透气性。

影响纤维润胀作用的因素有：原料组成、半纤维素含量、木素含量、制浆方法等。

（1）原料组成。如棉浆，结晶区大，α—纤维含量高，所以难以润胀。

（2）半纤维素含量。当纤维中的半纤维素含量越高时，其具有的无定形区就相对较大，所含支链较多，释放出的游离羟基就越多，相比纤维素来说会吸引更多的水分子，提升润胀效果。

（3）木素含量。木素具有疏水性，对纤维的吸水润胀有着妨碍的作用，其含量越高，就越排斥水分子的靠近，影响润胀效果。

（4）制浆方法。制作纸浆的方法也会影响纤维的润胀作用，如亚硫酸盐纸浆比硫酸盐纸浆易于润胀。

3. 细胞壁发生位移和变形

次生壁中层得细纤维同心层受到打浆操作的机械作用发生弯曲，使得纤维细胞壁进行位移和变形。在此过程中，微纤维的间隙扩大，水分子更加容易渗透。

在打浆处理操作中，可通过偏光显微镜观察纤维细胞壁的位移唯一状态。在偏光显微镜下，细胞壁的位移处呈现为一个亮点（没有进行打浆处理过的纸浆也存在位移亮点），随着打浆操作的进行，亮点逐渐增多，增大且愈发清晰。纤维的位移可表现为三种形式，如图 3 - 1 - 2 所示。

初生壁和次生壁外层的破除与细胞壁的位移及纤维吸水润胀是相互限制又相互联系的。当初生壁和次生壁外层没有被打破除去时，细胞壁位移很难发生，纤维的润胀作用受到限制；相反，纤维会因为细胞壁的位移和润胀作用变得愈发松弛柔软，促进初生壁和次生壁外层的打破。

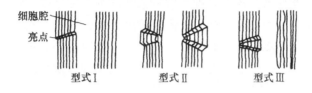

图 3 - 1 - 2　次生壁位移示意图

4. 细纤维化

当初生壁和次生壁外层有部分被打破时，纤维开始细纤维化。当纤维产生吸水润胀作用后，细纤维化便大量发生。细纤维化主要发生于次生壁中层。当初生壁被打破，纤维产生润胀作用，在打浆机械作用（揉搓和剪切）下，组成次生壁的细纤维同心层之间的邻近纤维素分子发生氢键断裂，减小纤维的黏聚力，造成细纤维之间的滑动核分裂。

细纤维化的发生部位分为外部和内部。

（1）外部细纤维化。当纤维分裂造成两端帚化，表面发生分丝起毛的现象，使其表面像是覆盖了一层绒毛。外部细纤维化很容易分离细纤维，当大量细纤维、微纤维、微细纤维被分离出来，聚集在一起，使纤维的外表面积扩大，加强纤维分子之间的氢键结合。

（2）内部细纤维化。次生壁同心层在纤维产生润胀作用之后在彼此之间发生滑动，增加纤维的可塑性和柔软度，减弱其刚性，使纤维之间可以更好地接触。例如，利用超声波进行打浆操作，在保留初生壁和次生壁外层的情况下，抄造的纸张具有很高的强度，这是因为超声波打浆产生了强烈的内部细纤维化作用，使纤维的润胀作用得到了充分满足。

纤维的外部细纤维化和内部细纤维化均有利于纤维的结合，提高成纸的强度、紧度和匀度等性能，对纸页的性质影响很大。

同细胞壁的位移和变形一样，纤维的细纤维化和润胀也是相互促进的，纤维进行细纤维化后，增加了水分子的渗透性，进一步推动了纤维的润胀；相反，纤维吸水润胀后组织结构松弛，为纤维的细纤维化创造了有利条件。

5. 切断

纤维在打浆设备的剪切力以及彼此之间的相互摩擦力的共同作用下，发生横向断裂，这种现象称之为切断。切断（任何部位都可发生）常见于纤维比较脆弱的部位，如纤维节点和纤维与髓线细胞的交叉处。

纤维在打浆中被切断的长度，应该依据所制作纸张的要求和使用原料的性质，严格进行控制。例如，棉麻浆纤维过长，应切断较多；针叶木浆纤维较长，适当切断即可；阔叶木浆和草浆纤维较短，切断的长度就不能太多，要有所保留。适宜的纤维长度，会使成纸拥有较高的均匀度和平滑度，且会满足成纸所需的强度，尤其是撕裂度。

适当的切断同样对纤维的润胀起到积极的作用。当纤维被切断后，断口增加，有利于水分的渗入，促进纤维的润胀作用。同时，纤维切断后在断口处留下许多锯齿形的末端，有利于纤维的分丝帚化和细纤维化。

3.1.3　纤维结合力及其影响因素

成纸最后的强度状况不是由一个的因素决定的，而是多种原因影响下的复杂系统，纤维结合力、纤维长度、纤维本身强度、纤维表面状况和纤维的排列等都会影响成纸的强度。其中，纤维结合力是最关键的。

纤维结合力主要受到打浆机械作用的影响。强度较高的抄造纸张都是经过良好打浆处理的。打浆对纤维产生的多种作用，如切断、润胀、细纤维化等，都使得纤维的柔软度和可塑性大幅度提高，增强了纤维结合力，提升了抄纸的强度。同时，纸浆原料、纤维的化学组成和物理性质、纤维长度、排列方式、添加剂的使用等也都影响着纤维结合力的强弱。

1. 原料

通常来讲，就原料而言，其纤维结合力的大小排序为：化学木浆＞棉浆＞草浆＞机械浆。可以看出，不同原料具有的化学和物理性质都有较大差别，其纤维结合力的强弱也有高有低。值得一提的是，棉浆所具有的纤维结合力虽然不是最好的，但是棉浆具有纤维长，强度大，表面交织力强等优点，所以在抄纸时，可以得到撕裂度极高的成纸。

2. 半纤维素

半纤维素对纤维的吸水润胀有着很大的影响。相比较纤维素来说，半纤维素具有分子链短、支链多而杂、无结晶结构等特点，在打浆过程中，半纤维素会释放更多的游离羟基，比纤维素更容易吸收水分子，同时更好地促进了纤维的吸水润胀和细纤维化，纤维的比表面积大大增加，对成纸的强度有明显增强。半纤维素含量多所产生的效果更多地体现在打浆操作的前期，这对抄纸的耐破度和抗张强度有显著提高。

如果半纤维素的含量过多，会导致纤维吸水润胀过快，打浆完成度过高，纸浆的强度却达不到成纸的质量要求，造成抄纸脱水困难，成纸透明发脆，最后所生产的纸张强度反而不如打浆之前。所以应该根据具体造纸的质量要求来规定具体的半纤维素的含量，一般情况下，不得少于2.5% ~ 3%，但也不能超过 20%。需要注意的还是：抄透明纸，为了成纸透明，半纤维素的含量应更高一些，故多选用含半纤维素多的阔叶木来抄造。

3. 纤维素

纤维素对纤维结合力影响虽然不如半纤维素，但是纤维素含量高的纤维结合力大，成纸强度高。因此，若对纸张的强度要求较高的纸种，如复写纸、电容器纸、钞票纸等，都选择纤维素含量较高的原料；相反，看中纸张柔韧度的一般印刷纸可以用低纤维素的原料。

4. 木素

木素大多存在于初生壁和次生壁外层中，具有很高的疏水性，含量过高会导致纤维难以润胀和细纤维化，给打浆造成困难，抄纸时纤维结合力低下，使成纸的紧度小，强度差。例如，机械浆含有较多的木素，所以用其制得的纸张强度不高。

5. 纤维长度

纤维长度对纤维的润胀和细纤维化有着非常重要的作用。在这里，纤维长度给出两种概念：原料纤维本身的长度和打浆后纸浆的纤维长度。纤维过长，成纸纸张的均匀度和平滑度不够；纤维过短，抄纸时强度又太低。纤维结合力决定纤维强度，当纤维的结合力增加到一定程度后，纤维长度对结合力的影响就愈发显著。尤其是在机械木浆中，因为含有的木素较多，因为控制纤维长度对纸张强度有很大的帮助。纤维长度对成纸的撕裂度同样有着极高的影响，Clark 认为，纤维长度与纸张强度有如下关系。

撕力	$\alpha L^{2/3}$抗张力$\alpha L^{2/3}$
耐破	$\alpha L^{1/2}$
（撕力 × 耐破）$^{1/2}$	αL

6. 添加剂

在纸浆中适当加入一些添加剂一方面可以改变纤维结合力的强度。例如蛋白质、植物胶、羧甲基纤维素、淀粉等亲水性物质，可以促进纤维的润胀作用，提高打浆的效果。同时，在上述添加剂中，它们的物质结构拥有可以增强纤维氢键的极性羟基，这会更好地增强纤维结合力。另一方面，加入进纸浆的添加剂是疏水性物质，如松香、明矾、填料等，其会隔开纤维之间相互接触，减少接触面积，阻碍纤维的润胀作用，从而对纤维结合力产生极大的影响，降低抄纸强度。

3.1.4 纸张性质对打浆的要求

纤维结合力和纤维平均长度对成纸的性能都起到至关重要的作用，但是两者不是毫无联系的，它们彼此之间相互制约，即若增加纤维的结合力，则必然会降低其平均长度。通常情况下，在打浆时，提高纤维结合力，可以使成纸的抗张强度、耐破度、耐折度、平滑性、收缩性和紧度都有所提升，但是同时也会降低纤维的平均长度，减小纸张的撕裂度和不透明性。

由图 3 - 1 - 3 可以看出，纤维的结合力和其平均长度成反比关系，尤其是在打浆操作的前期阶段，两者之间的相互影响较大，随着打浆操作的进行，两者上升和下降的速度都有明显缓和。纤维结合力和平均长度发展速度的差异在不同程度上影响了成纸的各种性质。下面具体讨论打浆和纸张各种物理性能的关系。

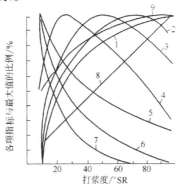

1 - 纤维结合力；2 - 断裂长；3 - 耐折度；4 - 撕裂度；

5 - 纤维平均长度；6 - 吸收性；7 - 透气度 8 - 收缩性；9 - 紧度

图 3 - 1 - 3 打浆与纸张物理性能的关系

1. 撕裂度

撕裂度（mN）是指纸张抗撕裂的程度，主要受到纤维的平均长度的影响，也跟纤维结合力、排列方向、纤维强度和纤维交织情况有关。通常在打浆操作前期，纤维结合力增强时，纤维平均长度减少不多，撕裂度会跟随打浆度的增大而增大；但随着打浆程度的进行，纤维长度迅速下降，撕裂度也随之迅速降低，这时纤维长度就是影响撕裂度的主要方面。例如，亚硫酸盐木浆的撕裂度的下降点在 18～25°SR。此外，纤维的排列方向对撕裂度也有一定的影响。在纸张中，纤维多处于纵向排列，因此横向的撕裂度相较纵向的总是大一些。

2. 裂断长

假定存在一定宽度的纸和纸板，将其一端处于悬挂状态，用数学和物理的方法对纸和纸板因其自身重力而发生断裂的可承受最大长度进行计算，结果用 km 表示，这就是纸张的裂断长，即抗张强度的大小。纤维的结合力与平均长度是影响裂断长大小的主要因素，此外还包括纤维的交织排列和纤维自身的强度等。在打浆过程中，裂断长的变化呈现前期迅速上升，继而速度减缓，当达到最大值后，会开始出现下降的转折现象。这是因为，在打浆前期纤维较快的润胀和细纤维化，使纤维的结合力上升，裂断长也随之提高，这阶段影响裂断长的主要因素是纤维结合力；而当裂断长达到最大值时，继续打浆，虽然纤维结合力仍然在提高，但随着纤维的平均长度下降，裂断长已开始下降。后一段影响裂断长的主要因素是纤维的平均长度。对于转折现象出现的早晚，有一个必须考虑的因素，那就是打浆的方式。例如，采用重刀打浆，纤维的平均长度较快下降，裂断长出现转折的时间相对较早；反之，轻刀打浆，纤维的切断少，有利于裂断长的提高，出现转折的时间也会较晚。

3. 耐折度

在一定张力下，纸张可以进行对折的次数称为耐折度。耐折度的大小受纤维的平均长度、结合力、排列方式、本身强度和弹性等的影响。与断裂长的变化曲线相似，当耐折度的值达到顶峰时，会出现转折现象，即开始下降。与断裂长不同的是，相比较纤维结合力，纤维的平均长度对耐折度的影响更大。所以，耐折度曲线的转折点比裂断长出现早，即在打浆度不很高时，耐折度就开始下降。

还有一点需要注意的是，纤维弹性对耐折度也有一定影响，而纤维弹性又取决于成纸中水分子的个数。水分子达到一定个数时，会使纤维变得松散柔软，同时还可以提高纸张的耐折度；但是水分子过多，会导致纤维结合力过分降低，从而减小纸张的耐折度。

为了增大纸张的耐折度，打浆时应注意使纤维获得良好的润胀和细纤维化，并尽可能避免纤维的切断作用，故采用轻刀打浆为宜；还应该注意防止纸张过干，保持适量的水分含量，使纤维具有一定的柔软度，纸张也会具有良好的耐折性。

4. 耐破度

耐破度是指纸张所能承受的最大压力，通常用 kPa 表示。耐破度的变化曲线与断裂长类似。影响耐破度的主要因素是纤维结合力和纤维平均长度，其次是纤维本身强度和纤维交织情况等，如图 3 - 1 - 4 所示。由于纸张在破裂时不仅受到拉力作用，同时也受到撕力作用，在打浆度比较高时，随着纤维平均长度的降低，使耐破度曲线比裂断长曲线下降的更快一些。

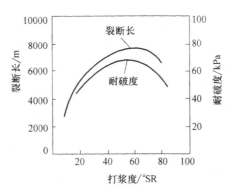

图 3 - 1 - 4　耐破度曲线

5. 紧度

纸张的表观密度称为紧度，即成纸紧密的程度，用纸张每立方厘米的质量（g/cm^3）来表示。紧度在打浆过程中呈现持续增长的趋势，随纤维结合力的增大而增大。紧度曲线没有转折点，即在达到一定峰值后，增长平缓，或不再增长，但其趋势不会下降。究其原因在于，打浆进行到后期，纤维的细纤维化和润胀已经高度化，纸浆变得黏稠，具有很高的柔软度和可塑性，很难使细纤维化和润胀再进一步发展。紧度在一定程度上会影响纸张的裂断长和耐破度，即适当的增大紧度，可以使成纸的透气度和吸收性下降，裂断长和耐破度随之增大，但纸张的撕裂度会有所下降。

6. 吸收性和透气度

纸张吸收液体的能力，尤其是水，用吸收性表示；而纸层中的空隙多少用透气度来表示。其中，透气度也是检查纸张防潮能力的指标之一。

吸收性和透气度主要受打浆度的影响，也和纤维的化学组成、半纤维素的含量等有关，两者的变化曲线和纤维结合力的曲线相对称。在打浆过程中，纸张中气孔的数目和大小随打浆度和纤维结合力的增大而减小，成纸的吸收性和透气度也随之减小。例如，木浆的打浆度在 70 ~ 90°SR 时，若不加添加剂，纸张的透气度几乎等于零，成纸会达到完全羊皮化。此外，纸机的压榨、压光和加填等也会影响纸张的吸收性和透气度。

7. 不透明度

纸张透光的程度叫作透明度，反之，叫作不透明度。不透明度的主要影响因素是纤维结合力。打浆度越高，纤维结合力越大，湿纸浆在干燥时发生纸张收缩，使成纸的不透明度降低。此外。半纤维素的含量也对纸张的不透明度有所影响。若要使生产的纸张透光度小，应该选用半纤维素含量少的原材料。

8. 收缩性

纸张的收缩性在很大程度上取决于打浆特性和纸浆原料。通常情况下，凡是纤维长而又经过良好打浆的纸浆，抄成纸后，收缩性都是比较高的。

3.2 打浆设备

3.2.1 连续式打浆设备

从整体上来划分，打浆的设备分为两大类：间歇式和连续式。间歇式打浆设备主要包括曹氏打浆机，在某些纸类的生产上具有很高的适应性和灵活性。连续式打浆机的优点有：效率高、占地少、能耗低、劳动强度小等。现代工业生产要求设备的自动化和自动控制，在采用最少劳动力的情况下，生产高质量，高产量的产品。连续式打浆机以其突出优势在近几年的工业生产中，逐步取代了间歇式打浆机。下面主要介绍连续式打浆设备中的盘磨机和锥形磨浆机。

1. 盘磨机

（1）盘磨机的总述

盘磨机具有体积小，重量轻，占地小，结构简单，拆装和操作较方便，打浆质量均一，稳定性好，生产效率高，单位产量电耗小等优点，是最经常使用的打浆设备之一。在现代技术的发展之下，盘磨机出现了更多优良的类型，改进了进料装置，扩大了适用范围，不仅可以用于各种浆料和各种纸种的打浆，还可以用来处理半化学浆、木片磨木浆和化学机械浆等。所以，现代盘磨机已成为一种具有制浆和打浆双功能的磨浆设备。

盘磨机型号是按圆盘直径大小来表示。我国使用的盘磨机主要规格有：$\Phi300$ mm、$\Phi330$ mm、$\Phi350$ mm、$\Phi360$ mm、$\Phi380$ mm、$\Phi400$ mm、$\Phi450$ mm、$\Phi500$ mm、$\Phi600$ mm、$\Phi800$ mm、$\Phi915$ mm、$\Phi1250$ mm 等，可进行疏解、打浆、精浆，还可以进行废纸的处理。盘磨机对纤维的分丝、帚化和压溃作用较显著，切断较少，可用于各种文化用纸、生活用纸、纸板和多种工业用纸的生产。

（2）盘磨机的种类和结构

盘磨机在结构上按旋转磨盘数目可分为：①单盘磨，即一个磨盘固定，另一个磨盘旋转；②双盘磨，即两个磨盘同时转动，但旋转方向相反；③三盘磨，两边两个磨盘固定，中间磨盘转动，形成两个磨区，用螺旋移动定盘，以调节磨盘间隙进行加压。下面着重介绍一下三盘磨。

三盘磨依据浆流方式的不同，又可以分为单流式和双流式，如图 3-2-1。其中，双流式的三盘磨可以分为两个磨区，相当于两台单盘磨并联连接，其生产能力自然是单盘磨的 2 倍。在相同的能耗下，得到更多的产量，成本投入也少于两台单盘磨一起使用，节省动力，占地空间小。可以说双流式三盘磨是目前使用较为广泛的打浆机。

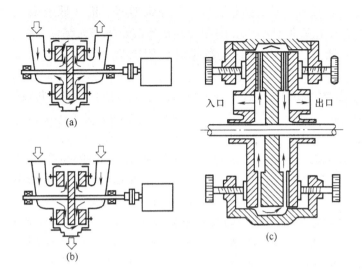

（a）单流式　（b）双流式　（c）磨室部分放大图

图 3 - 2 - 1　三盘磨横截面示意图

2. 锥形磨浆机

　　锥形磨浆机的结构分为两部分，锥形转辊和外部覆盖的铁壳。长短不一的打浆刀片平行锥形棍环绕其周围，为了防止刀片出现滑动，在刀片之间还楔入有硬木。其横截面示意图如下。

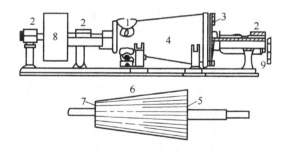

1—进料口；2—轴承；3—出料口；

4—铁壳；5—打浆刀；6—锥形辊；

7—硬木；8—皮带轮；9—手轮

图 3 - 2 - 2　锥形磨浆机横截面示意图

锥形磨浆机的类型主要有五种，普通锥形磨浆机（低速型）、高速锥形磨浆机、水化锥形磨浆机、内循环式锥形磨浆机和大锥度磨浆机。因为普通型、高速型和水化型锥形磨浆机结构类似，所以下面主要介绍这三种。

（1）普通锥形磨浆机。也就是低速型锥形磨浆机，其转棍转速通常不超过600r/min，线速度在8～17m/s之间，转棍的圆锥角小于22°。切断纤维的能力强，适用于游离浆料。

（2）高速锥形磨浆机。转棍转速大于600r/min，线速度在11～12m/s之间，转棍的圆锥角在22°～24°之间。对浆料发生细纤维化的作用较强，适用于中等黏状浆料。

（3）水化锥形磨浆机。转棍线速度很高，在18～30m/s之间，转棍的圆锥角约在26°。相比较高速型，其对浆料发生细纤维化的作用更强，适用于黏状浆料。

3.2.2 辅助打浆设备

现代打浆，不能仅靠磨浆机等基础的打浆设备处理浆料，还需要一些辅助设备，这对改善浆料的特性有很大帮助

1. 碎解设备

打浆的前期准备工作，如损纸、干浆板、废纸等的碎解处理是由水力碎浆机来完成的。水力碎浆机根据不同的分类方法可以分为不同的类别，有卧式和立式、高浓和低浓、间歇式和连续式等。水力碎浆机也是一种疏解设备，不会切断纤维，且具有能耗低、效率高、占地面积小等优点。

2. 贮浆池

贮浆池是用来贮存浆料的，为了确保打浆设备生产不会间断，需要有空间贮存打浆前的浆料、打完浆的成浆和半浆等。贮浆池一般在造纸厂的底层安装，方便浆料的贮存和使用。其中，贮存的浆料浓度通常为3.0%～3.5%之间，循环速度为15～20m/min。

3.3　打浆工艺

3.3.1　打浆的形式

以打浆所起的主要作用为依据，同时为了展示纸浆原料的特性，可将打浆分为游离打浆和黏状打浆。游离打浆是采取横向切断纤维，降低纤维长度为主要作用进行打浆的方式；黏状打浆主要是使纤维纵向分裂，进而吸水润胀，细纤维化的打浆方式。在此基础上，按照原料纤维的长短，又可将两种打浆方式分为长纤维游离打浆、长纤维黏状打浆、短纤维游离打浆、短纤维黏状打浆需要注意的是，游离打浆产生的主要作用是切断，但这并不表示在这种方式的打浆过程中纤维没有一点润胀和细纤维化的作用。即游离打浆和黏状打浆不能截然划分。

1.　长纤维游离打浆

这种打浆方式主要针对游离状的长纤维，主要用疏导的方式使其分散为单根纤维。在切断时，要保留最适宜的纤维长度，不能留的过长，也不能切的太短。因为纤维较长，使得浆料的脱水性较好，抄成纸时，纸张会有吸收性好、透气度大、不透明度高、撕裂度和耐破度强、尺寸稳定、不易变形等优点，但是纸面的均匀度和光滑度稍差。这种纸料多用于生产有较高机械强度的纸张，如牛皮包装纸、电缆纸、工业滤纸等。

2.　长纤维黏状打浆

黏状的长纤维在进行打浆时要求纤维高度细纤维化，良好的润胀水化，使纤维柔软可塑，有滑腻性，并尽可能地避免纤维切断，使纤维保持一定的长度。这种纸料因打浆度高，脱水困难，纤维长，上网时容易絮聚，影响成纸的匀度，需采用低浓上网。成纸的强度大，吸收性小，可用来生产高级薄型纸，如仿羊皮纸、字典纸、电话纸、防油纸、描图纸等。

3.　短纤维游离打浆

要求纤维有较多的切断，避免纸浆润胀和细纤维化。这种纸料脱水容易，成纸的组织均匀，纸页较松软，强度不大，吸收性强。这种浆适于抄造吸收性强、组织匀度要求高的纸种，如滤纸、吸墨纸、钢纸原纸、浸渍绝缘纸等。

4. 短纤维黏状打浆

要求纤维高度细纤维化，润胀水化，并进行适当的切断，使纤维柔软可塑有滑腻感。这种纸料上网脱水困难，成纸匀度好，有较大的强度，适合于抄造卷烟纸、电容器纸和证券纸等。

5. 打浆方式

根据纸浆纤维形态的不同，具体的打浆操作也有所不同。对游离状纤维纸浆进行打浆操作时，要求在短时间内用最快速度切断纤维，尽可能地使纤维的润胀水化作用少一些；具体处理时，要在纸浆浓度较低的情况下，选用数量少，厚度薄的刀片，一次下重刀打浆最好。对黏状纤维纸浆进行打浆操作时，应该缓慢细致处理，时间尽量长一些，使纤维最大程度的水化润胀和细纤维化；不能切断太多，要求轻刀处理高浓度纸浆，逐渐增加压力，多次下刀，且选取的刀片要厚。

以上四类打浆方式，只代表四种典型方式，在实际生产中，要根据纸浆种类、产品的要求以及纸机情况等选择具体打浆方式。表3-3-1为几种不同纸张浆料的特性和打浆方式。

表3-3-1 不同纸浆的特性及打浆方式

纸种	定量/（g/m²）	纤维平均长度/mm	打浆度/°SR	打浆方式
纸袋纸	80	2.0~2.4	20~25	黏状长纤维
牛皮纸	40~100	1.8~2.4	22~40	游离状长纤维
滤纸	100	1.2~1.5	25~30	游离状中等长
吸墨纸	100	0.7~1.0	20~30	游离状短纤维
描图纸	50	1.2~1.6	85~90	黏状中等长
防油纸	32	1.5~2.0	65~75	黏状长纤维
电容器纸	8~10μm（厚度）	1.1~1.4	92~96	高黏状短纤维
卷烟纸	22	0.9~1.4	88~92	黏状短纤维
书写纸	80	1.5~1.8	48~55	半黏状中等长
印刷纸	52	1.5~1.8	30~40	半游离状中等长
打字纸	28	0.95~1.1	56~60	半黏状短纤维

3.3.2　打浆的工艺流程

根据成纸的要求、造纸的原料以及生产规模来确定具体的打浆工艺流程和所需要的打浆方式。若对纸张要求纸质柔软细腻，吸水性较好，所需强度较低时，可以选择使用单台设备一级轻度打浆的工艺流程，对其纸浆主要采用疏解的方式即可，如卫生纸的生产；若想要成纸撕裂度高，紧度大，则要求对纸浆的处理有很高的打浆度，因此选择多台设备串联，采取多级打浆的方式，如防油纸、描图纸等的生产通常会用到 5～6 级打浆。还有一些纸张的生产，不是单一原料，而是多种浆料混合，每种浆料都有自己的独特属性，因此在选择打浆方式时要格外注意。

目前常用的打浆工艺流程有三种：分别打浆（图 3-3-1）、混合打浆（图 3-3-2）和结合打浆（图 3-3-3）。其中，分别打浆和混合打浆都是生产文化用纸的主要打浆流程。

1. 分别打浆

针叶木和阔叶木是造纸木材的两大类，将针叶木和阔叶木的化学浆进行漂白后，再分别通过磨浆机进行打浆，当达到所需要的打浆度后，混合在混合浆池中。同时把打浆过程中造成的损纸经过一定处理后投入损纸浆池中，通过疏解，也进入到混合浆池。三种浆料混合均匀后再经后置磨浆机处理，使其混合更加均匀。具体流程见下图。利用分别打浆可以保证每种纸浆的打浆质量，混合后的浆料抄成纸时，产品质量也较高，但是生产成本投入较大。

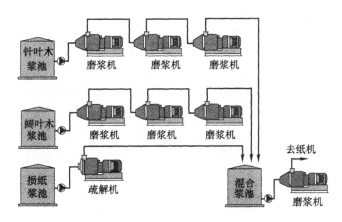

图 3-3-1　分别打浆工艺流程图

2. 混合打浆

针叶木和阔叶木的化学浆进行漂白后，根据成纸的要求，选取适合比例，将两者进行混合后打浆。同样把打浆过程中造成的损纸经过一定处理后投入损纸浆池中，通过疏解进入到混合浆池。相比较针叶木，阔叶木在打浆过程中更容易分丝帚化，混合打浆会使得两种浆料帚化程度相差较大，造成打浆质量不均匀。与分别打浆相比，混合打浆能耗低，成本小，对一些生产规模不大，成纸要求较低的造纸厂，是不错的选择。

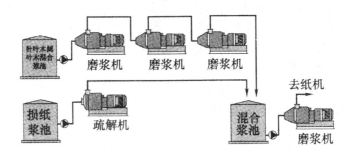

图 3 - 3 - 2　混合打浆工艺流程图

3. 结合打浆

结合打浆汇总了分别打浆和混合打浆的优势，在造纸行业中，更具竞争力，因此是未来发展的一个主要方向。

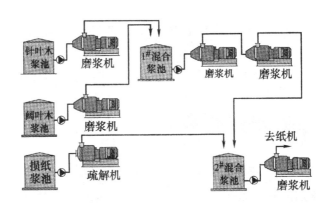

图 3 - 3 - 3　结合打浆工艺流程图

3.3.3　打浆的影响因素

打浆度对纤维结合力有着重要的影响，而纤维结合力又与纸张的特性息息相关，因此探究哪些因素影响打浆度十分必须。在进行打浆操作时，纸浆浓度、打浆比压、操作温度、纸浆通过量、打浆选取的设备、造纸原料的种类和其化学组成等，这些因素相互制约，相互联系，共同影响打浆的完成度和完成质量，一定程度上决定了抄纸产量。

1. 打浆浓度

在进行打浆处理时，当纸浆浓度低于 10% 时，称为低浓打浆；纸浆浓度在 10% ~ 20% 之间，称为中浓打浆；当纸浆浓度高于 20% 时，称为高浓打浆，其中高浓打浆的纸浆浓度一般不超过 30%。打浆时的纸浆浓度严重影响到成纸而质量。

（1）低浓打浆

通常情况下，处理黏状浆料的打浆浓度都会高于游离状浆料，前者的浓度在 6% ~ 8% 之间，而后者一般在 3% ~ 5% 之间。这是由成纸的种类、选取的打浆方式和采用的打浆设备决定的。

在低浓打浆的范围内（浆料浓度不超过 10%），适当提高纸浆浓度，可以使设备刀片之间（飞刀和底刀）的浆料增多，同样的处理时间内提高打浆产量，降低能耗，减少成本投入。同时，在纸浆浓度提高到适宜程度时，纤维的分压相对降低，减少纤维切断，促进纤维水化润胀、细纤维化，对处理黏状纸浆有利；反之，适当降低浆料浓度，适宜处理游离状纸浆。具体对浆料浓度的提高和降低，应根据选择的具体打浆方式来确定。

（2）中浓打浆

最早中浓打浆在处理浆料时没有明显的效果，且能耗过大，因此一直没有得到工业上的应用，但是，在国内很多学者和专家的研究下，对中浓打浆的效果进行了显著的提升，使其具有较高的打浆效率和较低的能源消耗。目前，中浓打浆已在工业应用中，得到了推广。

（3）高浓打浆

高浓打浆可以使成纸获得很高的撕裂度、伸长率和耐破度。但是高浓打浆也有一些值得注意的问题。例如，在实际操作中能耗多，生产的纸张紧度过大，不透明度、成纸稳定性和挺度较低等。

目前，为了解决浆料浓度大，流动性差等问题，在使用高浓打浆时，采用附有强制喂料装置的盘式磨浆机。相比较低浓打浆，高浓打浆主要依靠磨盘间纸料的相互摩擦，而不是靠磨盘本身的作用，因此盘磨的间隙可以加大，从而避免了纤维的过度压溃和切断，使纤维得到充分水化和润胀。还有一点值得一提，经过高浓打浆的纤维多呈扭曲状，因此纸浆的撕裂度要比低浓打浆的高得多，且纤维具有很高的收缩能力，因此纸张的收缩率得到大大改善，其结果是纸张韧性和耐破度得到一定程度的提高，而抗张强度则可能略有降低。

2. 打浆比压

打浆比压是指单位面积上，浆料所承受的压力，用 p 表示，单位为 Pa。具体的计算公式如下：

$$p = \frac{F}{A}$$

其中：F—打浆设备刀片间对浆料施加的压力，单位是 N；

A—打浆设备刀片间的接触面积，单位是 m^2。

打浆方式主要由打浆比压决定，所处理的浆料是黏状还是游离状，通过打浆比压就可以了解。同时，打浆比压还决定了打浆效率，确定了最适宜的打浆比压，对确保打浆质量、降低能耗、减少生产成本起到了至关重要的作用。具体影响见下表表 3 - 3 - 2。

表 3 - 3 - 2　打浆比压对打浆质量的影响

打浆比压 /MPa	浓度 /%	通过量 / (kg/h)	打浆度 /°SR	纤维形态比例		
				整根	切断	压溃
0	2.78	817	30.5	58.4	40.7	0.9
0.2	3.22	817	36.6	34.1	61.5	4.4
0.3	3.50	817	38.0	28.7	63.8	7.6
0.4	3.72	817	41.0	20.9	67.6	11.6

从上述公式中可以看出，打浆比压和打浆设备刀片之间的距离成反比关系。具体数据见下表 3 - 3 - 3。

表 3 - 3 - 3　打浆比压与刀距

打浆比压	刀距/mm	打浆操作
极小	>1	搅动混合
小	0.6 ~ 1	轻刀疏解
小	0.5 ~ 0.6	重刀疏解
小	0.2 ~ 0.4	轻刀打浆
中	0.1 ~ 0.2	中等刀打浆
大	<0.1	重刀打浆

通过上述两表数据综合考虑，打浆比压越大时，设备刀片间距越小，对纤维的切断作用也越大，纤维压溃较多，打浆度较高，此时多使用重刀打浆，适用于游离状的浆料。需要注意的是，刀距的缩小过程要迅速，切断纤维时也要以很快的速度，在纤维充分水化润胀之前，用较大打浆比压完成打浆操作。而处理黏状浆料时，既要提高打浆比压，又要保证纤维可以充分地进行细纤维化和水化润胀，因此在缩短刀距时要尽量缓慢，一步步地提高打浆比压，确保完成打浆操作时，打浆比压不会太高。

3. 温度

浆料中的纤维之间，还有打浆时纤维和设备刀片之间在进行打浆操作时会出现不可避免的摩擦，导致整体纸浆温度上升，其上升程度根据打浆方式又有所不同。例如，游离状浆料的打浆时间短，温度上升不多，造成的影响不会很大；而黏状浆料所需的打浆时间较长，其升温程度往往较高，造成的影响相对而言也比较严重。当浆料温度太高，也会给打浆度和纸张断裂长造成一定的影响。三者关系见图 3 - 3 - 4。

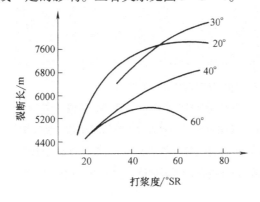

图 3 - 3 - 4　打浆温度关于打浆度、断裂长的变化曲线

浆料产生高温，还会带来以下几种副作用。

（1）降低成纸的施胶效果。

（2）若使用亚硫酸盐法蒸煮得到的木浆会因为高温使树脂游离释放，增加树脂障碍。

（3）可能引起纤维细胞脱水，使纤维的水化润胀效果大打折扣。

（4）降低抄纸强度。

4. 纸浆通过量

在保证打浆操作其余条件不变的情况下，加快浆料在设备中通过的速度，即在相同的时间内增加浆料的通过量，这意味着每根纤维在设备中停留的时间变短，被充分打浆处理的程度减小，一定程度上，降低了打浆操作的质量。但如果一味追求质量，拖慢浆料的通过，会使能耗增加，加大生产成本。因此，在实际操作中，应该综合考虑质量和产量的关系。在确保生产产量的前提下，以打浆负荷的大小作为控制打浆质量的主要依据，而以小范围内适当调节纸浆通过量作为控制打浆质量的辅助因素。

5. 打浆设备

如前文所言，游离状的浆料适宜使用厚刀进行一次打浆，而黏状浆料适宜使用薄刀分多次下刀。

6. 原料种类和化学组成

选取不同的原料，采用不同的制浆方法，得到的浆料在结构形态、物理和化学性质上均有很大差别，在进行打浆时，实际操作的难易程度和抄成纸时所表现出来的纸张性质也会存在差异。

（1）纤维长宽比。通常情况下，纤维呈现细长形态，其长宽比较大，在进行过打浆处理后，会使纤维的结合面积增加，纸张对应的强度也高；若纤维呈现短粗的形态，其长宽比不到45，则很难完整打浆，成纸的强度也会稍差。值得注意的是，纤维的长度对成纸的撕裂度有很关键的影响，是衡量纸浆纤维优劣的重要指标之一。

（2）壁腔比。纤维细胞的壁腔比是衡量纤维优劣的另一个重要指标。通常来说，以"1"来划分，当壁腔比不到1时，所采用的纸浆原料为优质原料；等于1时，判定为中等；大于1时，为劣质原料。但是，原料好坏不能只根据壁腔比来判定，而是要综合考虑分析。

3.4　打浆系统的控制

3.4.1　系统控制的类型

打浆是对浆料进行机械处理，使其物理性质得到改善的操作。在打浆过程中，打浆度是衡量打浆是否完全的主要指标，而对打浆度影响最大的因素是打浆设备中转子和定子之间的刀距。为了使打浆度尽可能在打浆过程，稳定在最适宜的数值，一般会先确定浆料的浓度和通过量，根据实际生产再具体调节刀距。

打浆操作工艺流程需要控制的系统包括三个基本类型，即比能量控制、游离度控制和比能量～比边缘负荷控制。

1. 比能量控制

在本书中，涉及的比能量都为广义概念。在单位绝干纤维量中，保持某个表征能耗的物理量恒定，即可在此定义为比能量控制。在打浆操作中，比能量控制有以下三种典型类型。

（1）自动功率控制

这是目前国内打浆操作最基本的也是用得最多的自动打浆控制系统。在打浆过程中，当浆料浓度和通过量都比较稳定时，在操作人员给出的设定值下，以磨盘间隙作为控制变量，使打浆功率在一定数值上保持稳定，确保可以得到较高质量的成浆。随着科学技术的发展，这种控制系统正逐步走向淘汰。

（2）温差控制

它以机械能转化为热能的多寡，即打浆机出口浆温度减去入口浆温度作为打浆过程做功多少的度量。操作人员设定温度差为 ΔT，主电机驱动功率为反馈信号，控制器调整磨盘间隙以维持纸浆温升恒定。这种控制系统目前在国内尚未出现，在国外的使用面也并不广泛，因此不做过多阐述。

（3）hqb/t 控制

hqb/t 是操作人员对绝干纤维的能耗给定的的单位量。hqb/t 控制系统相较于前两种系统的优势在于：将打浆机的进浆流量和浓度折算为绝干纤维量，通过对其值的监测，可以及时减小过程量响应的时滞。磨盘间隙的实际数值可根据打浆设备运行的总功率来调节，即计算公式如下。

hqb/t 值×单位时间绝干纤维量 + 磨浆机空载负荷 = 打浆机运行总功率

因为 hqb/t 控制的工艺条件，没有前两种严苛，所在国外有着非常普遍的运用。但是在国内尚未普及。

2. 游离度控制

游离度控制是一种在线测量控制的系统，依据游离度测量仪对浆料游离度的测量值，计算其与设定值之间的偏离值，调节磨盘间距，保持浆料性质稳定。游离度控制最大的优势在于将电机功率信号替换为游离度信号，可以说，游离度控制是目前唯一的打浆质量控制系统。

与比能量控制相比，游离度控制很好的补偿了原浆料物性的变化，且改进了比能量控制的反馈信号，但是其在线测量频率较低，一个测量值需要数分钟，因此，通常将游离度控制作为主回路，比能量控制作为副回路，将两者进行串联，结合为串机控制系统，即游离度—比能量控制。游离度控制设定比能量给定值，比能量控制调节磨盘间隙。

国外浆料大多是木质纤维，而我国的浆料多种多样，如麻浆和草浆等，因此游离度控制系统在国外的适用范围逐渐扩大，在国内却因为与我国的实际生产情况不符合而得不到大范围推广。

3. 比能量 – 比边缘负荷控制

现代磨浆理论将打浆刻画为一个二维过程，因为不管是打浆机或纸浆，都是从打浆性质和打浆程度两方面来描述，如图3-4-1所示。

传统打浆机调节打浆程度是靠调节刀距，使打浆设备的负荷发生变化，但这种调节方式必然会改变打浆性质，如上

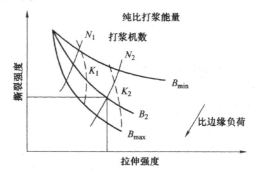

图 3 - 4 - 1　一维和二维磨浆控制比较

图虚线 K 所示。比边缘负荷理用单根纤维在动刀和定刀交错时的叩击次数和叩击强度来描述打浆的过程。叩击强度是打浆设备中动刀和定刀之间的比压，在这里也称为比边缘负荷，其值大小取决于纤维的轴向压力和刀片间的接触面积。打浆质量被比能量和比边缘负荷控制着，可以说，这种二维控制系统是当下较为先进的控制方式。但是由于在引进过程中，需要添加的打浆机转速调节系统，极大地增加生产成本的投资，并且在国内生产中，贮浆池的存在使得转速调节系统变得多余，因此国内还没有这类控制系统。

3.4.2　系统控制的内容

本小节的内容仅围绕最基本的自动功率控制系统展开说明。在一个完整的打浆操作里，自动控制系统可分为三个方面（图 3 – 4 – 2）：过程控制、设备控制和质量控制。

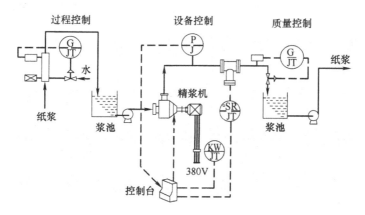

图 3 – 4 – 2　磨浆机自动调节系统

1. 打浆设备控制

打浆设备控制是打浆设备控制的基础，其目的是防止设备的转子和定子之间接触，发生机械摩擦，确保磨浆机的正常工作。当浆料的通过量低于某一定值时，压力会随之降低，安装在出浆口的压力联锁装置会启动，使磨浆机发生自动停机或退刀的现象。

2. 过程控制

设置纸浆浓度和流量自动调节系统（$C_s – JT$，$G – GT$），以稳定打浆条件，或者设置电力消耗系统，磨浆机单位电力消耗计算公式如下：

$$P_0 = \frac{p}{\rho \times q_v \times 10^{-3}}$$

其中：P_0—单位电力消耗，单位是 kW·h/t；

p—磨浆机电机负荷，单位是 kW；

ρ—浆料密度，单位是 kg/m^3；

q_v—流量，单位是 m^3/h。

3. 质量控制

质量控制是打浆控制的最后一环，用在线打浆度测量仪测得打浆质量，用以控制打浆设备（°SR－JT）稳定磨浆质量。

第4章 纸浆处理技术

纸浆在上网成形之前需要经过多道处理工艺，其中洗涤、净化和漂白是主要的环节。纸浆的洗涤是将溶解的有机组分以及所消耗的无机化学药品等从浆料和纤维中分离出来的一系列操作过程，主要是为了尽可能地除去纸浆中残留的蒸煮废液，同时还要求尽量保证所回收蒸煮废液的浓度、温度以及提取效率。

蒸煮后的浆料不可避免的含有一些固体杂质，这些杂质可能是未蒸解的组分（木片、竹片等）、纤维束以及木材中致密的节等，因此要对纸浆进行筛选与净化。此外，蒸煮后的浆料通常都会带有一些颜色，因此要对浆料进行漂白处理，除去纤维内的有色物质，从而得到满足应用要求的纸浆。

4.1 纸浆的洗涤技术

造纸原料经过化学法制浆后会残留一些废液，这些废液必须得到清除。纸张如果洗涤不干净机会对后面的工序产生不良影响。因此，纸浆的洗涤是造纸不可缺少的一个环节。

4.1.1 纸浆洗涤的原理与方法

在浆料蒸煮制浆的过程中，形成的废液大约有75% ~80%存在于纤维与纤维之间，其余的则存在于纤维细胞腔和细胞壁内部的毛细管中。因此，最简单的洗涤形式是过滤，它是通过采用清水或比浆料中废液更清洁的洗涤液来稀释浆料悬浮液，然后再将洗涤后液体从浆料中滤去。另外一种形式就是挤压，它主要通过机械挤压的形式将浆料中的液体从浆料悬浮液中分离。

此外，若要把存在于胞腔中的废液分离出来还要采取扩散的方法，也就是置换洗涤的形式。因此在设计洗涤流程和设备的时候，通常需要将这三种洗涤方式结合起来。如图4-1-1所示，在实际的洗涤过程中往往采用的是逆流洗涤的形式，图中每个框图所表示的洗涤设备可能综合采用了过滤、置换、挤压等洗涤形式。

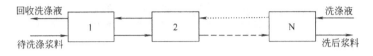

图4-1-1　多段逆流洗涤示意图

1. 纸浆洗涤的原理

（1）过滤洗涤

浆料洗涤中的过滤作用是利用在洗涤过程中形成的多毛细孔道的浆层，并且在浆层两侧的压差推动下，使洗涤液和纤维分离的过程。对于不可压缩的浆层来说，此时的过滤可以认为是滤液通过许多等直径的圆形毛细管道的流动。过滤速度为单位时间内通过单位过滤面积的滤液量，可表征为：

$$v = \frac{\Delta p}{RL}, \text{ 其中 } R = \frac{32\mu}{\varphi d^2}$$

式中，v表示过滤速度，单位是 $m^3/(m^2 \cdot s)$；Δp 表示浆料滤层两面的压力差，单位是 Pa；L 表示浆料滤层厚度，单位是 m；R 表示滤阻系数；μ 表示液体黏度，单位是 Pa·s；d 表示浆料滤层中形成的毛细管直径，单位是 m；φ 表示过滤面积的有效系数。

过滤作用通常用在浆料在浓度较低阶段的洗涤，比如鼓式真空洗浆机、压力洗浆机等。

（2）挤压洗涤

挤压作用原理主要是通过利用挤压洗涤装置产生的机械压力脱除浆中的液体。由于受到纤维内部毛细管作用的限制，挤压过程中产生的压力只可以部分除去分布在纤维内部的液体。液体在纤维内部的毛细管压力可以如下表示：

$$p = \frac{4\gamma}{d}$$

式中，p 表示毛细管压力，单位是 Pa；γ 表示液体表面张力，单位是N/m；d 表示毛细管直径，单位是 m。

由上式可知，随着挤压作用产生的压力的增加，浆料变实，浆料纤维形成的毛细管的管径变小，毛细管内部压力增加而与外部挤压作用产生的压力达到平衡。

（3）扩散（置换）洗涤

在存在两种或两种以上组分的体系中，只要存在浓度上的差别，就会发生物质传递，也就是说浓度高组分的分子会向浓度低组分的分子方向迁移，直到两者达到平衡，这就是扩散作用。物质进行扩散的推动力来源于浓度差。纸浆在洗涤的过程中由于残留在浆料中的溶质的浓度大于洗涤液中溶质的浓度，纤维细胞内的溶质在扩散作用下会转移到洗涤液中，从而达到洗涤的目的。

（4）吸附洗涤

吸附作用会对纸浆的洗涤产生不利的影响。由于纸浆纤维对金属离子具有很强的吸附作用，想利用洗涤的方式将纸浆与废液完全分离是不可能的。在碱性介质中，纤维细胞表面或胞腔中游离出来的羧基成为吸附的中心，而且随着溶质中金属离子价数的提高，吸附能力增加。在实际生产过程中，纸浆对钠离子的洗涤会影响到洗涤后浆料残余的碱量。

2. 影响纸浆洗涤效果的主要因素

（1）洗涤时的温度

洗涤时的温度高，洗涤液的黏度降低，滤阻降低，滤水性提高，有利于过滤或挤压提高压力；温度的升高，可以加快分子的扩散，促进洗涤中扩散作用的进行。

（2）浆料的种类

通常而言，木浆等长纤维的浆料滤水性能好，易于洗涤。而草浆（麦草浆、苇浆等）含杂细胞比较多，洗涤时所形成浆层的孔隙性和松度都比较差，半纤维素含量高，容易水化，且由于草浆含硅量高，容易在洗涤设备表面形成结垢，堵塞网孔，影响传质，既不利于洗涤，也不利于设备的正常运行。

（3）压差或真空度

作用于洗涤时浆层的压差（真空度）对过滤和挤压的影响很大，对扩散作用影响很小。通常而言，压差越大，过滤的动力越大，过滤速度加快。但过高的真空度会降低洗涤液的沸点，影响洗涤液温度的提高。挤压压力过高，会对洗涤设备造成损伤，同时由于浆层中毛细管作用的增加，过滤速度增加却很小。

（4）制浆的方法和浆料的硬度

酸法浆比碱法浆滤水性好，这主要是因为碱法浆大量吸附了蒸煮液中浓度较高的钠、镁离子，这些被吸附的离子难以在洗涤中除去。同时，酸法制浆中会有较多的木质素溶出，纤维细胞壁破坏较大，扩散效果好。制浆时，浆料的硬度高，黏度会降低，滤水性好，但由于木质素脱出少，纤维细胞壁破坏小，会影响到纤维内部废液的扩散洗涤，洗净度差。

（5）上浆浓度与浆层厚度

若浆层厚度增加，则有效洗涤面积减少，过滤阻力增加，洗涤效率下降，过度的提高洗涤设备的上浆浓度，一定程度上提高了生产力，但由于浆层厚度的增加，会对浆料的洗净度和废液提取滤产生不良影响。

3. 纸浆的洗涤方法

根据洗涤液的流向划分，纸浆的洗涤通常可分为单向洗涤和逆流洗涤两种方式。

（1）单向洗涤

所谓单向洗涤，指的是洗涤液与浆料以相同的方向进行置换。实际生产中常用的是多段单向洗涤的方法，多采用清水或白水，然后将洗涤后的废液排出。单向多段洗涤虽然可以达到较高洗净度，但该方法洗涤用水量大，洗涤因子高，废液浓度低，回收困难，环境污染严重，已经被淘汰。

（2）逆流洗涤

所谓逆流洗涤，指的是在洗涤过程中洗涤液与纸浆以相反的方向进行置换的一种洗涤方法。目前多采用多段逆流洗涤的方法来对纸浆进行洗涤（如图4-1-1）。该洗涤方法利用逆流方式造成的洗涤液和其所流经不同段的浆料之间溶质的浓度差进行洗涤，在洗涤的过程中，扩散作用使得溶质从纸浆向洗涤液中转移，而过滤和挤压则起到分离滤液和为上一段准备洗涤液的作用。到浆中的溶质不断降低，而洗涤液中的溶质却不断增加，该方法可以充分利用洗涤液，并能够大大提高废液的提取率。

逆流洗涤的段数，主要依据浆料的洗涤质量、浆料种类、浆料的性质、产量、设备投资等确定，通常采用 3～4 段。

4.1.2 常用洗涤设备

洗涤设备的选取主要是看洗涤效率的高低。常用的洗涤设备有挤压洗涤机、鼓式洗浆机、扩散洗涤机和带式洗涤机。

1. 挤压洗浆机

通常而言，挤压洗浆机只是利用简单的稀释和挤压作用原理，将浆料挤压到干度为 30%～40%，也有的挤压洗浆机考虑到了利用浓缩和置换作用。最为常用的是双辊挤浆机，如图 4-1-2 所示，它主要由两个能够同步相对旋转的压辊构成，两个压辊安装在封闭的浆槽中，辊面有沟纹或通向辊内的小孔。浆料通过螺旋输送器从两侧送入，在通过两辊的间隙时，经辊面挤压脱水形成干的浆层，被辊面的刮刀刮下后由螺旋输送器送出。挤压过程中还可以加入洗涤液对浆料进行置换洗涤，脱出的废液经由辊面的沟纹或小孔通过轴向排液孔排出。

调整双辊挤浆机的挤浆压力可通过控制两辊之间的间距实现。双辊挤浆机的进浆浓度一般是 3%～4%，过低容易产生喷浆，而过高则容易堵塞。出浆干度可达到 30% 以上。在生产中通常采用 2～3 台串联在一起作逆流洗涤，中间可以设置扩散槽。该类型的挤浆机的最大缺点是纤维流失大，回收的黑液中必须经过过滤后才能送往黑液蒸发工段。

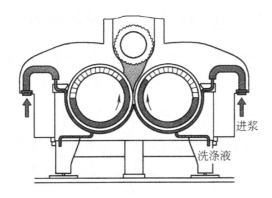

进浆

洗涤液

图 4-1-2　双辊挤浆机结构示意图

2. 鼓式洗浆机

最常用的纸浆洗涤设备之一就是鼓式洗浆机。最早的连续洗涤就是通过一系列的单段转鼓式洗浆机完成的。在采用此类设备进行洗涤时（图4-1-3所示），浆料首先稀释为1%～3%浓度，通过溢流堰进入到个由带孔的圆柱体或转鼓浸入到浆槽中所形成的洗涤设备，转鼓的表面带有塑料、金属等材料制成的滤网。转鼓浸没在浆槽内时，鼓内的真空区可以帮助转鼓的表面形成浆层，当浆层从浆槽中浮出时，受到内外两侧通过抽真空或加压形成的压差对浆层做进一步脱水，浆层的浓度会达到10%～13%。然后用清水或较稀的洗涤液喷淋浆层用以置换其中的废液，并在压差作用下脱水，在进入卸料区之前还会在真空或压差作用下进一步进行脱水，然后切断压差将浆层从转鼓表面剥离。

按照压差的来源不同，鼓式洗浆机可以分为两类：一类是通过水腿或真空泵造成真空来形成浆层两面的压差，称为真空洗浆机。如上所述，真空洗浆机利用洗鼓内外的真空和大气压差来达到洗涤的目的。实际生产中往往采用多台逆流串联洗涤，可以达到减少热损，提高提取率的效果。另一类则是通过在浆层上施加压力来达到目的，称为压力洗浆机。压力洗浆机的工作原理与真空洗浆机基本相同，但其洗鼓上浆层所受到的压差是靠转鼓外的高压风机所形成的风压。压力洗浆机要求的进浆浓度一般为0.8%～1.2%，出浆浓度12%～14%。压力洗浆机的密封性好，不容易产生泡沫，可在较高温度下进行洗涤，但其对所洗涤浆种的适应性差，不太适合洗涤草浆，而且动力消耗大。

鼓式洗浆机经过多年的发展已经很成熟。它通过浆槽内的特殊浆料输送系统，可以提高进浆浓度，减少水力负荷，使生产能力有了很大的提高。有些洗浆机通过增加洗涤喷嘴和对洗鼓内部进行分隔，使洗浆机在单个洗鼓上可以完成多段逆流置换洗涤。图4-1-4所示的多段压力洗浆机便是其中的一种。此外，还有奥斯龙公司的鼓式置换洗浆机（DD洗浆机），该设备出浆的干度可达14%～16%。

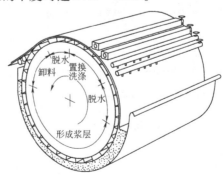

图4-1-3　鼓式洗浆机运行原理图

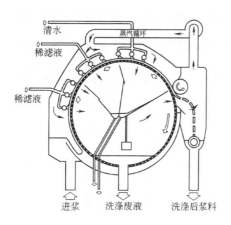

图 4 - 1 - 4　多段压力洗浆机运行原理图

3．扩散洗涤器

　　扩散洗涤器有两种形式：间歇式和连续式。间歇式已经逐渐被淘汰。现在生产中常用是卡米尔连续扩散洗涤器。扩散洗涤器的名字来源于它对浆料的缓慢置换，这样有利于纤维内溶解物质的分散。如图 4 - 1 - 5 所示，连续扩散器的主体是一个漏斗型结构，上部的圆柱体由双面的环形筛板（直径 2 mm 左右）组成，通常是 2~4 个，筛环的下部有黑液收集头。浆料则在筛环内与筛环一起向上移动，

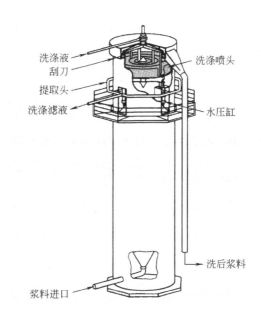

图 4 - 1 - 5　扩散洗涤器结构示意图

洗涤液通过在筛环之间缓慢旋转的置换喷嘴喷洒到浆料上，洗涤液沿径向自外向内对浆垫内的洗涤液进行置换。扩散洗涤器常采用多段置换的形式，通常是两段。压力扩散洗涤器只有一个环形的洗涤区，如图 4 - 1 - 6 所示。它的操作压力与蒸煮器相同，也可以用作热交换器加热或冷却浆料至 100℃ 以上或以下。扩散洗涤器经常与连续蒸煮器内高温洗涤组合使用。

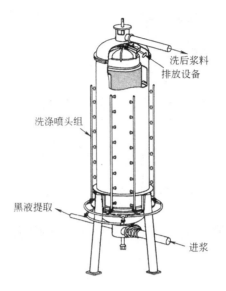

图4-1-6 压力扩散洗涤器结构示意图

4. 带式洗浆机

带式洗浆机如图4-1-7所示，它的结构与长网纸机的网部相似。浆料的脱水在一个类似于成形网的扁平网或有孔的金属带上进行，网下根据洗涤的要求设置了多个真空吸水箱，按照多段逆流洗涤的要求将整个"网部"的区域设置成多个置换洗涤区，不同置换区所设置的真空吸水箱，能够把抽吸后的滤液用作上一段的洗涤。

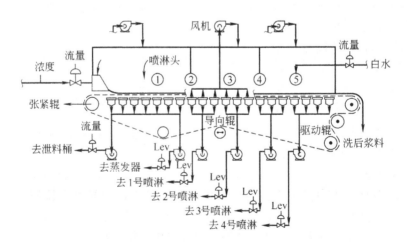

图4-1-7 带式洗浆机结构示意图

4.2　纸浆的净化技术

纸浆中的固体杂质主要来源有两类，一类来源于原材料，主要包括枝材、浆块、树皮等。另一类主要是在木材的加工过程中引入的，比如砂子、石块、灰、金属屑和铁锈等。其中，一些杂质会对制浆过程或最终的产品质量造成影响，有些则会对设备造成损伤或影响设备的正常运行，这些杂质都应该从浆中去除掉。

4.2.1　浆料净化原理

由于浆料悬浮液中存在各种不同的杂质，在生产过程中通常采用根据杂质与浆料纤维在尺寸或密度上不同的原理对杂质进行分离。根据杂质尺寸大小和形状与纤维不同，通过合理的设置筛板上开孔或狭缝的尺寸与形状，达到使杂质和良浆分离的目的称为筛选。而利用纤维和杂质密度的不同，采用重力沉降或离心分离的方法，使杂质与良浆分离的过程，称为浆料的净化。

1. 浆料的筛选

在生产过程中利用筛浆机筛板上合适的筛孔或筛缝使浆料悬浮液中游离的合格纤维通过，浆料悬浮液中寸大于纤维的杂质则被阻滞在筛板上。因此，为了取得良好的筛选效果，必须要做到以下几点。

（1）为浆料通过筛板提供必要的推动力。

（2）必须对浆料悬浮液中自然产生的絮团进行有效的分散。

（3）因为筛选的过程是连续的，还要采取有效的措施破坏筛板上形成的浆层，并进行清理，避免产生堵塞。

浆料所需推动力通常是筛板两侧浆流所产生的静压差或筛浆机内部机械运动所产生的动压差。通过高频振荡和摆动装置或通过合适的转子产生高强度的湍动，对纸浆悬浮液施加剪切力。振动式平筛通常采用筛板两侧浆流产生的静压差为推动力，而利用振动时的频率、振幅来起到破坏形成的浆层和分散纤维絮团的作用。离心筛和压力筛则是利用旋翼和转子高速转动时在筛板的表面产生的压力脉冲起到分散纤维絮团和冲刷筛孔的作用。

2. 纸浆的净化

有些杂质因尺寸太小而无法采用筛选的方法去除。如果它的密度与浆料不同则可以采用离心分离的方法将其除去。

目前应用最普遍的方法是离心分离，常用设备称为锥形除渣器。浓度较低的浆料（0.3% ~ 1.5%），当经离心泵以一定的压力从切线的方向进入锥形除渣器内部时，会沿其壁作高速旋转，这时浆料内各组分受到的离心力根据离心力公式计算：

$$F = \frac{Gv^2}{gr}$$

式中，F 表示离心力，N；G 表示物体重力，N；v 表示物体运动的圆周速度，m/s^2；r 表示物体的旋转半径，m。

密度比浆料大的杂质，受到的离心力也大，会被抛向锥形除渣器内壁，然后在重力作用下沿内壁向下运动至排渣口排出。在离心力的作用下，锥形除渣器的轴向中心会形成一个"低压区"，密度相对较小的浆料在向下作旋转运动的过程中，会逐渐移向低压区，并继续向上沿中心轴做旋转运动，直至从顶部出口排出。锥形除渣器的工作原理如图 4 - 2 - 1 所示。

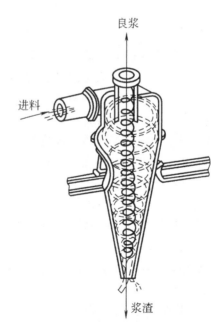

图 4 - 2 - 1   锥形除渣器工作原理图

4.2.2　造纸浆料的筛选

1. 主要筛选设备

（1）离心筛

离心式筛浆机，简称离心筛，主要是利用浆流在转子叶片推动下转动时产生的离心力作为推动力，使良浆通过筛眼而与筛渣分离的一种筛选设备。离心筛有多种型号，较早的 A 型、B 型、C 型已经被逐渐淘汰，目前国内企业常用的是 CX 筛及在其基础上改进的离心筛。CX 筛及其改进型（ZSLl～4 型）具有生产能力强，筛选效率高，体积小，电耗低，维修方便等优点，在国内被广泛应用。

如图 4－2－2 所示，离心筛在运行时，浆料以一定的进浆压头，从筛浆机的一端进入，在转子叶片旋转产生的离心力的推动下，合格纤维通过筛孔，同时浆料还受到具有一定倾斜角度的转子叶片旋转时产生的轴向推进力。在二者的作用下，浆料在筛浆机内部呈螺旋线运动，分离出来的筛渣经另一端的排渣口排出。叶片旋转时产生的涡流和稀释水的冲刷会破坏筛板上形成的浆料滤层并使筛孔保持畅通。

在制定 CX 筛及其改进型的工艺条件的时候，需要考虑稀释水的水压和用量，进浆浓度为 1% 左右时，稀释水量可占进浆量的 20%～30%，当进浆浓度高于 2% 时，可以是进浆量的 100%。通常而言，其进浆浓度为 0.6%～2%，木浆进浆浓度要高于草浆。稀释水压力通常控制在 49.1～98.1 kPa。

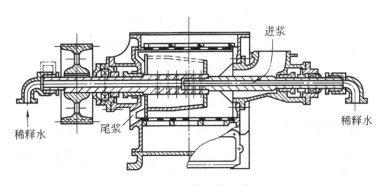

图 4－2－2　CX 筛结构示意图

（2）振动筛

按频率的不同，振动筛可分为高频（频率高于 1000 次/min）和低频（频率 200～600 次/min）两类。按形状的不同，筛板可分为平筛和圆筛。常用的振动筛为高频振框式平筛（也称詹生筛）和高频圆筛，低频振动筛已经被逐渐淘汰。

如图 4-2-3 所示，振框式平筛由支承在减振器上的筛框和混凝土（铁或不锈钢）槽构成，筛框中心的主轴通过扰性联轴器与电动机相连，筛框底部的筛板为曲面，筛框的振动由主轴带动偏重块转动时产生，频率可达 1450 次/min，振幅 1.5～2.0 mm。减振装置一般由弹簧或橡胶构件组成。通过调节筛板下的挡板可以改变浆位的高度，达到控制筛浆的产量和质量的目的。为了分离夹杂在浆渣中（经常覆盖在木节等表面）的合格纤维，浆渣的出口处一般装有高压喷水管。高频振框式平筛主要用于浆料的粗选或浆渣中良浆的回收，用来筛除体积较大的杂质，如木节、草节、生片、砂石和铁屑等。

国内比较常用的高频振框平筛的筛选面积通常是 $0.9m^2$ 和 $1.8m^2$，其生产能力分别为 15～30 t/d 和 60 t/d。进浆浓度 1%～1.5%，出浆浓度 0.8%。

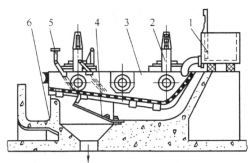

1—进浆箱；2—减振装置；3—筛框；
4—浆位调节板；5—喷水管；6—粗渣槽

图 4-2-3　高频振框式平筛

（3）压力筛

压力筛浆机，简称压力筛，也称为旋翼筛。它主要靠筛浆机内部的旋翼在高速旋转时产生的压力脉冲来冲刷筛板，保持筛孔畅通，旋翼筛也因此得名。压力筛属立式全封闭结构，筛框完全浸没在浆料中。如图 4-2-4 所示，根据浆料在筛浆机内部通过的路线以及筛鼓的形式不同，压力筛有内流与外流，单鼓与双鼓之分。

压力筛工作时，浆料以一定的压力沿筛浆机横切面切线的方向进入筛框内，浆料进出口存在的压差使良浆得以通过筛孔，筛浆机内部流线型的旋翼，在高速旋转的过程中产生的压力脉冲，则起到了破坏筛板上形成的滤层和保持筛孔畅通的作用。

图 4 - 2 - 5 是压力筛的工作原理图。压力筛的旋翼通常呈楔形，沿着旋转的方向，旋翼的前端距筛板的距离很小，通常是 0.75 ~ 1 mm，逆转旋转的方向，从前至后，旋翼距筛板的距离逐渐增加。这样，在旋翼高速旋转的情况下，前端可以将浆料压向筛板外，而后部分则可形成局部的负压，造成一部分的浆料反向冲进筛框，起到破坏筛板表面纤维絮层，冲刷筛孔的目的。

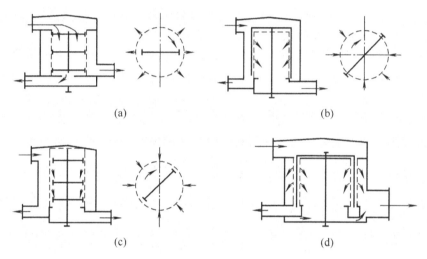

（a）单鼓外流式；（b）单鼓内流式 1；（c）单鼓内流式 2；（d）双鼓内外流式

图 4 - 2 - 4　四种常见的压力筛类型

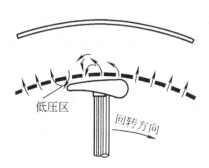

图 4 - 2 - 5　压力筛的工作原理

2. 浆料筛选效果的主要影响因素

在实际生产中，要根据浆料的种类、杂质的类型，以及产量、筛选质量、能耗等要求，合理地对压力筛进行选择，并制定与之相适应的生产工艺操作条件。需要注意的影响因素有以下几点。

（1）筛孔（缝）、开孔率

筛孔（缝）的大小会直接影响所去除的杂质的尺寸，筛孔（缝）的选择要根据浆料的种类、筛后浆的质量、进浆量及浓度、杂质的形状和大小来决定。通常而言，平均纤维长度较大的，筛板可取较大孔径。纤维长度不足 1 mm 的草浆可以取 $\phi 1.0 \sim 1.2$ mm，纤维长度在 $\phi 2.5 \sim 3.0$ mm 的浆料，筛孔可取 $\phi 2.2 \sim 3.0$ mm。浆料在进行粗筛时，多采用孔型压力筛，在对未漂硫酸盐针叶木浆进行粗筛时，筛孔直径可取 $\phi 3$ mm 左右。

开孔率是指所有开孔总面积与筛板总面积的比值。开孔率决定了浆料在通过筛板时的流阻，因而决定了筛鼓横截面上的压力梯度分配。对于一般的压力筛而言，开孔率在 12% ~ 24%，粗筛筛板的开孔率要大于精筛。筛板横截面的几何形状会对压力筛的生产能力产生影响。近年发展起来的波纹筛板可以有效降低浆流在筛孔（缝）上的堵塞趋势，可以有效提高筛选能力。开孔率相同，缝筛（在缝足够窄的情况下）比孔筛具有更好的筛选效率。

（2）杂质的形状和尺寸

如图 4 - 2 - 6 所示，不同的浆料中杂质的种类、几何形状和尺寸各不相同。图中，A 为较大的块状杂质，多为木节、浆块、橡胶块等，由于其体积较大，容易筛除。B 为片状杂质，通常是未疏解完全的碎纸片、碎塑料片等。C 为线状杂质，多为纤维束或合成纤维。D 为小颗粒杂质，经常是破碎成小颗粒的树皮、树脂及胶黏物粒子、油墨粒子、砂粒等，采用孔筛无法除去此类杂质，只能依靠缝宽较小（小于 0.2 mm）的缝筛来去除。

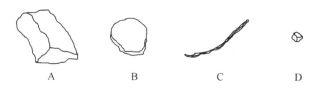

A   B   C   D

图 4 - 2 - 6 不同杂质的形状

（3）稀释水

因良浆的浓度低于进浆浓度，在筛选过程中，筛内粗渣的浓度会增加，为了减少纤维流失，更好地分离尾浆中的合格纤维，必须添加一定的稀释水。如果稀释水量过少，容易因其筛孔（缝）堵塞，影响正常操作，但稀释水量过多，也会造成一些小的浆渣通过筛板进入良浆，影响筛选质量。因此，不但要在筛选过程中加入适量的稀释水，而且还要合理调整稀释水的压力。

（4）进浆浓度与进浆量

进浆浓度的改变会影响到筛选效果和生产能力，若增加进浆浓度，进浆量也会相应增加，浆料悬浮液在通过筛孔（缝）前得不到良好的分散，良浆与杂质得不到很好的分离，纤维损失增加。但在设备和工艺条件允许的情况下，合理地增加筛选的浓度，可以增加生产能力，提高筛选效率，降低动力消耗。比如，浆料在粗筛时，可选择较高的进浆浓度（3.5% ~ 5%）。在进浆浓度一定的情况下，合理地增加进浆量，使压力筛在满负荷的情况下运转，在电耗变化不明显的情况下，也可以取得增加产量、提高筛选效率的结果。

3．筛选步骤

（1）粗筛

在最初的筛选操作中，主要目的是除去蒸煮后浆料中的木节或浆节等，所以也称为除节。这些杂质往往在长度和宽度上要大于筛孔，不能够通过筛孔（筛缝）而形成筛渣。但筛渣里面往往混杂了大量好的浆料纤维，如果这些纤维不能有效回收，不但会造成良浆得率的下降，而且其随木节回到蒸煮器后会造成药液循环不畅。因此在除节的过程中，除了将未蒸解完全的木节或浆节从良浆中分离外，还要对其进行清洗，回收里面的浆料纤维。在进行筛选时，进浆浓度通常是2% ~4%，而送回蒸煮的木节和浆节的干度应在25% ~35%。

（2）细筛

粗筛后的浆料还需要进行进一步的筛选，以除去浆料中的纤维束或碎浆块。目前，现代化的浆厂中采用的是压力筛，整个筛选系统需要在密闭的情况下运行，以免浆料在筛选的过程中夹带入空气，影响到浆料的洗涤。筛选后得到的筛渣在经过磨浆和重新筛选后可以被回收利用。

4.2.3　浆料的净化

1. 常见净化设备

比较常见的净化设备有大型除渣器和锥形除渣器。大型除渣器的工作原理和锥形除渣器相似，只是在尺寸上要远大于锥形除渣器，其进浆速度低、压差小，但进浆浓度相对较高（可达到4%）。在化学浆厂中，往往应用在未漂浆的粗筛前，主要用来除去粗砂、小石块等，对于较小、较轻的杂质分离效果较差。锥形除渣器是目前应用最普遍的浆料净化设备，它的主要作用还是除去小粒径的、密度大于浆料的杂质。锥形除渣器的型号较多，制作材料有塑料、陶瓷、不锈钢和硬橡胶等。国内常用的型号有600型和606型，600型的杂质分离能力要高于606型，但生产能力较低，相同的数量，只有606型的1/3~1/5。因此，606型适合用在净化系统的首段。

2. 浆料净化效果的主要影响因素

（1）排渣口的大小

不同型号的锥形除渣器排渣口的直径和锥角都有规定数值。排渣口的直径太小，则容易堵塞，而增大排渣口，虽然在一定程度上提高了净化效率，但会增加纤维的流失。

（2）锥形除渣器的结构

锥形除渣器结构对其生产能力和净化效果的影响很大，比如锥体的长度、顶部直径、进出浆口的直径等。在实际生产过程中，要根据浆料的种类、产品质量要求以及动力消耗等情况进行选择。

（3）进浆的浓度

在压差一定的情况下，进浆浓度增加，净化效率下降，排渣浓度增加，纤维流失增大。如果进浆浓度过低，则会造成产能下降，动力消耗增加。

（4）压力差大小

压力差是指进浆压力和良浆出口压力之差，它是浆料在除渣器内产生涡旋运动的推动力。压力差的变化会影响到浆流的旋转速度，进而影响到分离时需要的离心力，是影响除渣器净化效率的主要因素。压差过大，动力消耗增加；压差过小，则净化效率降低。

（5）通过量

不同型号的锥形除渣器，其额定生产能力各不相同，应该根据生产过程中的实际情况，合理配置除渣器的数目，保证每个除渣器都处于满负荷的工作状态。通过量过小或过大，都会对除渣效率和纤维流失产生不良影响。

4.3 纸浆的漂白技术

按对木素处理方式的不同，漂白方法大致可分为两类：一类是"溶出木素式漂白"，另一类是"保留木素式漂白"。前者通过适当使用漂白剂的氧化作用使木素溶出以实现漂白的目的，对纸浆的白度要求很高时，常采用这种方法。后者漂白时仅让发色基团脱色，要保留而不是去除木素，这种方法漂白的损失很小，并保持了浆料的特性。

由于运用不同的化学原理，漂白剂可分为氧化性漂白剂和还原性漂白剂。氧化性漂白剂有漂白粉、次氯酸盐、氯、过氧化物、二氧化氯等，还原性漂白剂有含硼氢化钠的 Borol、连二亚硫酸盐等。氧化性漂白剂通过氧化作用除去木素，常用在化学浆的漂白。还原性漂白剂通过还原作用破坏木素结构中的羰基、醌基、羧基等发色或助色团脱色，常用在高得率浆的漂白。

4.3.1 次氯酸盐漂白工艺

人们首先采用的漂白剂是次氯酸盐，而且是单段使用的。近几十年来，则大多用于氯化和碱处理之后。次氯酸盐漂白沿用至今未被淘汰主要原因是价格低廉，对纤维仅造成有限度的降解。

1. 次氯酸盐漂液的组成及性质

次氯酸盐漂液的化学组成与氯水体系的 pH 有极大的关系。当 pH 超过 9.5 时，漂液中才有足够的次氯酸根离子存在。pH 不仅影响溶液的组成，对其氧化性强弱也有影响，因为不同成分有如下不同的氧化电势：

Cl_2：$Cl_2 + 2e = 2Cl^- + 1.35eV$

$HClO$：$H^+ + HClO + 2e = Cl^- + H_2O + 1.5V$

OCl^-：$H_2O + OCl^- + 2e = Cl^- + 2OH^- + 0.94V$

由上列反应式可见，HCO 的氧化势最大，故氧化能力最强。因此，在 pH5～7 范围内漂白，纤维素将受到严重降解，而在碱性条件下漂白，氧化势较小，对纤维素的损害不严重。

2. 次氯酸盐的漂白原理

次氯酸盐在漂白过程中，主要是攻击苯环的苯醌结构，也攻击侧链的共轭双键（如图 4 - 3 - 1）。ClO^- 与木素的反应是亲核加成反应，随后进行重排，最终被氧化降解为羧酸类化合物和二氧化碳。

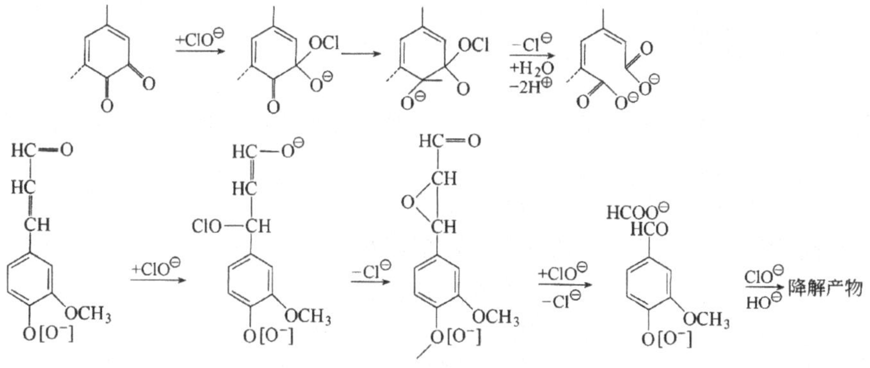

图 4 - 3 - 1　次氯酸盐与木素发色基团的降解反应

随着漂白反应的进行，木素等成分除去之后，纤维的内部表面暴露出来，从而导致纤维素和半纤维素的氧化降解。次氯酸盐是强氧化剂，如果是在中性和酸性条件下，则形成的次氯酸是更强的氧化剂，它们都能对碳水化合物进行强烈的氧化作用。纤维素氧化降解的结果，导致漂白浆 α - 纤维素含量减少，黏度下降，铜值和热碱溶解度增加，致使纸浆强度下降和返黄。

3. 次氯酸漂白的控制因素

（1）温度：提高温度可加快漂白反应速度，温度每增加7℃，漂白速度可加快一倍，过去一般控制在30℃～45℃。主要考虑温度高时，会引起纸浆黏度下降，强度降低，如果漂白时严格控制药品加入量和漂液 pH，可以实现高温短时间次氯酸盐漂白。

（2）时间：控制漂白时间意味着要控制漂白终点，通常按照漂液残氯和纸浆白度来确定，达到白度要求时，残氯控制在 0.02 ~ 0.05 g/L 为宜。有时需要使用脱氯剂（海波）来终止漂白作用。洗后浆残氯应在 0.001 g/L 以下，否则浆要返黄。

（3）pH：由于漂液组成和性质随 pH 不同而不同，因此 pH 的控制是非常重要的。一般次氯酸盐加入时的 pH 在 11 ~ 12，漂白终点 pH 不应低于 8.0 ~ 8.5。漂液 pH 过高，会降低漂白速度，延长漂白时间。低 pH 虽可使漂白速度加快，纸浆白度高，但纸浆易返黄。

（4）用氯量：漂白时的用氯量，要根据未漂浆质量和对浆强度、白度等要求来确定。次氯酸盐单段漂白时，要根据纸浆类型确定其用氯量。易漂亚硫酸盐木浆为 3% ~ 5%，普通亚硫酸盐木浆 5% ~ 7%，难漂亚硫酸盐木浆 10% ~ 13%；硬木碱法浆 4% ~ 6%，可漂硫酸盐木浆 5% ~ 8%，难漂硫酸盐木浆 12% ~ 15% 以上。生产中往往根据本厂的经验，将未漂浆的硬度与用氯量关系制成图表，归纳为经验公式，或者直接测定未漂浆的漂率，依此决定用氯量。

（5）浓度：近年来的趋势是中、高浓漂白，提高漂白时浆料浓度，实际上是提高漂白时有效氯浓度。例如用氯量 4%，漂白浆浓为 6% 时，漂白有效氯浓度为 0.255%，如浆浓提高到 18% 时，有效氯浓度为 0.88%，即浆浓提高 3 倍，有效氯浓度提高 3.4 倍。因而加速了漂白作用也降低了废液处理量。

（6）添加助剂：添加有效氯量 2% ~ 6 9/6 的氨基磺酸（NH_2SO_3H），可使次氯酸盐漂白在较低 pH 范围内进行，这样在加快漂白速度的同时，不至于使纤维素降解。麦草浆次氯酸钠漂白添加氨基磺酸试验结果表明，草浆次氯酸钠漂白时添加氨基磺酸（有效氯量的 2%），不仅能抑制纤维素的降解，而且能提高纸浆的物理强度和漂白得率。

4.3.2　氧脱木素工艺

氧碱漂白是纸浆在碱性条件下用氧气脱除木素进行漂白的方法，称为氧脱木素（简称氧漂），目前已经成为一种工业化的成熟漂白技术。未漂浆残余木素的 1/3 ~ 1/2 可以通过氧漂除去而不会引起纤维强度严重的损失。中浓氧漂，氧强化的碱抽提等技术已成为 TCF 漂白不可缺少的重要组成部分，也是大多数 ECF 漂白的重要组成部分，成为纸浆漂白技术的一个发展方向。

1. 氧脱木素的化学原理

氧脱木素是在碱性介质中利用分子氧的氧化作用对纸浆中木素进行氧化降解而溶出的过程。

（1）氧脱木素的化学反应

氧化剂在氧化木素的过程中本身被逐步还原，根据 pH 的不同，过程中可生成过氧自由基（$O_2^- \cdot$）、氢过氧阴离子（HOO^-）、氢氧自由基（$HO \cdot$）和过氧离子（O_2^-）。这些基团在木素降解中起着重要的作用，各种自由基对木素酚氧自由基反应导致脱甲基、开环和降解成水溶性有机酸。同时这些自由基也能使纤维素、半纤维素降解。

氧是一种相对较弱的氧化剂，要保证木素与氧的反应有适当的速率，必须加碱活化木素。碱法制浆使浆中木素增加了酚羟基，这种酚羟基在碱性条件下离子化，容易和氧起反应。第一步是通过酚氧离子转移一个电子给分子氧而形成酚氧自由基，并产生过氧自由基（$O_2^- \cdot$）。酚氧自由基中介体与过氧离子自由基反应产生氢过氧自由基（$HOO \cdot$）或生成氢过氧化物，后者离解生成的氢过氧阴离子（HOO^-）进攻羰基或进行分子内亲核反应，最终木素降解。氧脱木素后纸浆残余木素中酚羟基含量降低，羧基含量增加。在碱性条件下氢过氧阴离子是一种很强的亲核剂，可进攻不饱和结构和环氧乙烷结构，使纸浆白度提高。在碱性条件下，氧可与木素结构中环共轭羰基反应，最终导致 C_α-C_β 连接的断裂。

氧脱木素是游离基反应和离子反应的复合作用。游离基反应速度快，主要是使木素降解，离子反应速度慢，主要是破坏发色结构和提高纸浆白度。

（2）氧和碳水化合物的降解化学反应

碱性氧化降解反应是氧脱木素时碳水化合物的主要降解化学反应，其次是剥皮反应。在氢氧自由基进攻下，羟基形成羟烷基自由基，进一步氧化生成酮醇结构。C_2 位置上羰基与烯醇互换，从而诱导 β-烷氧基消除反应，导致糖苷键断裂，纸浆的黏度和强度下降。在 C_3 和 C_6 位置上羰基能活化配糖键，通过 β-烷氧基消除反应产生碱性断裂。如在 C_2 和 C_3 位置上同时引入酮基，则此二酮结构能被亲核剂（如氢过氧离子）进一步氧化成二元羧酸或通过重排成为含羧基的呋喃糖结构。由于氧脱木素是在碱性介质并在 100℃ 左右或 100℃ 以上进行的，所以，碳水化合物或多或少会发生一些剥皮反应。氧化降解产生新的还原性末端基，也能开始剥皮反应。剥皮反应的结果是降低了纸浆的聚合度与得率。

2. 影响氧脱木素工艺效果的主要因素

影响氧脱木素工艺效果的主要因素有用碱量、氧压、反应温度和时间、纸浆浓度以及添加保护剂等。

（1）氧压与用碱量。氧压的大小表明了用氧量的大小，对木素的脱除量有影响。氧压愈高，脱木素率愈多，碳水化合物的降解也愈多。但其影响与用碱量和反应温度相比相对较小。生产上使用的氧压为 0.6 ~ 1.2MPa。氧脱木素必须在碱性介质中进行，用碱量对脱木素的影响较氧压的影响更大。提高 NaOH 用量，脱木素加速，碳水化合物降解也加快。因此，用碱量高则卡伯值低，纸浆黏度和得率也随之降低。用碱量应根据浆种和氧脱木素其他条件而定，一般为 2% ~ 5%。

（2）反应的温度与时间。反应的温度与时间都对纸浆卡伯值和黏度有重大的影响，其中反应温度的影响更大。提高温度可加速脱木素过程，在其他条件相同的情况下，温度愈高，纸浆卡伯值愈低。生产上采用的温度一般在 90 ~ 120℃ 之间，过高的温度会导致碳水化合物的严重降解。脱木素反应一般可在 30min 内完成。时间过长，碳水化合物降解严重。反应时间通常控制在 1h 以内。另外，在确定氧脱木素技术条件时必须考虑到脱木素的选择性，即指选择脱木素条件的同时要考虑碳水化合物降解最小。

（3）纸浆的浓度。纸浆的浓度将影响到反应速率，同时影响到蒸汽的消耗和反应器的大小。一定用碱量条件下，降低浆浓，碱液浓度下降，木素脱除和碳水化合物降解均减慢。

（4）添加保护剂。浆中存在的过渡金属离子（锰、铁、铜等）对氢氧自由基的形成有催化作用，因而会加速碳水化合物的降解。氧脱木素前纸浆进行酸预处理可除去过渡金属离子，另外加入保护剂也可减少碳水化合物的降解。工业上最重要的保护剂是镁的化合物，如 $MgCO_3$、$MgSO_4$、$Mg(OH)_2$ 和 MgO 或镁盐络合物等，它们作为碳水化合物的保护剂的作用机理目前还不很清楚。此外，未漂浆在 O_2 存在下用 NO_2 处理，可显著改善氧脱木素的选择性。用 Cl_2、ClO_2 或酸性 H_2O_2 预处理，也有同样的效果。

3. 氧脱木素的流程与工艺

如图 4-3-2 是中浓氧脱木素的流程。中浓氧脱木素在 20 世纪 80 年代初得到迅速发展。生产中，粗浆经洗涤后加入 NaOH 或氧化白液，落入低压蒸汽混合器与蒸汽混合，然后用中浓浆泵送到高剪切中浓混合器，与氧均匀混合后进入反应器底部，在升流式反应器反应后喷放，并洗涤。表

4-3-1 是有代表性（针叶木硫酸盐浆）的中浓氧脱木素的工艺条件。

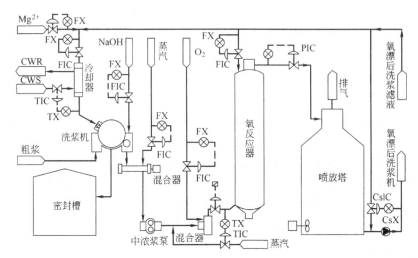

图 4-3-2　中浓氧脱木素生产流程

表 4-3-1　中浓氧脱木素的工艺条件

浆浓/%	10~14	进口压力/Mpa	0.7~0.8
用碱量/（kg/t）	18~28	出口压力/Mpa	0.45~0.55
用氧量/（kg/t）	20~24	反应时间/min	50~60
温度（进口）/℃	85~105	脱木素率/%	40~45

因为氧脱木素的选择性不够好，所以一般单段的氧脱木素不应超过 50%，否则会引起碳水化合物的严重降解。为了改善脱木素选择性，目前的发展趋势是采用两段氧脱木素。段间进行洗涤或不洗涤；化学品只在第一段加入或分两段加入；一般第一段采用高的碱浓度和高氧浓度（用量和压力），以达到较高的脱木素率，但温度较低，反应时间较短，以防止纸浆黏度的下降；第二段化学品浓度较低，而温度较高，时间也较长，主要作用是抽提。

4. 氧脱木素的强化

要加强氧脱木素的选择性，可以采取下面的措施。

（1）氧脱木素前进行木素的活化处理

采用 $HNO_3/NaNO_3$ 混合液、酸性 H_2O_2、$KMnO_4$ 和 H_2SO_4 进行氧脱木素前的木素活化处理，可强化氧脱木素作用。

（2）氧脱木素时或后添加 H_2O_2

氧脱木素时添加 H_2O_2 有两种方式，一种是 OP，即氧脱木素时同时添加 H_2O_2；另一种是 O/P，即氧脱木素后不洗涤即添加 H_2O_2，以强化其脱木素作用。两种强化作用的效果中 OP 强化的方式较好，脱木素较多而纤维素等降解较少。

4.3.3　臭氧漂白工艺

臭氧是作为非氯漂白剂的一种，为了防止公害而发展起来的。早在 1889 年臭氧漂白造纸用浆就已经出现，20 世纪六七十年代，对臭氧漂白性能进行了大量的研究，但由于沿用当时的含氯漂白工艺，臭氧漂白浆的强度低而成本高，推迟了其工业化进程。到了 20 世纪 90 年代，由于含氯有机物排放的严格限制及市场上对全无氯漂白浆的需要，促进了臭氧漂白的技术进步和实现工业化。

1. 臭氧的性质

臭氧是强氧化剂，它在水中的氧化电位为 2.07V。臭氧能氧化烯烃、苯酚、杂环化合物、碳水化合物、蛋白质等，并有脱色、脱臭、除铁、除锰、除氰化物等作用。臭氧较易溶于水，在气体中易受到有机物的影响而不很稳定，在水溶液中受到某些金属离子（如 Co^{2+}）的催化作用也能分解。臭氧在酸性介质中比较稳定，在碱性介质中则加速分解。因此臭氧漂白一般在酸性介质中进行。臭氧具刺激性臭味，浓度大于 $1mL/m^3$ 时人们就会有不适感觉。臭氧的浓度在 12% ~15% 时会引起爆炸，但一般不易达到这个浓度。臭氧在水中易分解，其分解反应如下：

$$O_3 + OH^- \longrightarrow \cdot O_2^- + HOO \cdot$$
$$O_3 + HOO \cdot \longrightarrow 2O_2 + HO \cdot$$
$$O_3 + HO \cdot \longrightarrow O_2 + HOO \cdot$$
$$2HOO \cdot \longrightarrow O_3 + H_2O$$
$$HOO \cdot + \cdot OH \longrightarrow O_2 + H_2O$$

金属离子（如 Co^{2+}、Fe^{2+} 等）的存在，也会促进臭氧的分解。

2. 臭氧漂白时的化学反应

臭氧是三原子、非线性的氧的同素异形体，有 4 种共振杂化体：

这些结构的双极特性意味着臭氧 O_3 作为两性离子参与反应，既可作亲电试剂，又可作亲核试剂，在漂白中主要作为亲电剂。漂白中出现的含氧活性基团中，除 HO·之外，臭氧是最强的氧化剂。

臭氧与木素反应，可引起苯环裂开，侧链烯键和醚键的断裂。臭氧攻击芳环通过环加成反应形成臭氧化物，然后臭氧化物水解，苯环开裂并形成黏糠酸衍生物。黏糖酸酯和内酯可被臭氧进一步降解。氧脱木素时，仅酚型木素结构才能降解；臭氧漂白时，不管是酚型还是非酚木素结构，都能发生环的开裂。木素侧链双键很容易被臭氧氧化降解，侧链醇羟基，芳基或烷基醚等可氧化为羰基，醛基则氧化为羧基。进一步氧化的结果，最后将生成 CH_3OH、$HOOOH$、$HCOOOH$、CH_3COOH、CH_3COOOH、CO_2、CO 和 H_2O 等。臭氧不是选择性的氧化剂，因此它既能氧化木素，也能氧化碳水化合物，使纸浆的黏度、强度和得率下降。臭氧可将还原性末端基氧化成羧基，醇羟基氧化成为羰基，配糖键发生臭氧降解而断裂。

3. 臭氧漂白的影响因素

（1）漂白温度和漂白时间。臭氧对木素的反应很快，低温时就能充分地分解木素，高温会加速臭氧分解，降低脱木素效率；而即使是低温，臭氧的反应也很快。在0℃~40℃范围内，提高漂白温度，纸浆卡伯值升高，而黏度下降。因此，臭氧漂白宜在低温或常温下进行。臭氧漂白通常在室温下进行，温度为20℃时，不仅有最好的脱木素效率，脱木素选择性也较好。由于臭氧与木素的反应很快，因此，漂白时间不需太长。一般认为10~30min即够。延长时间，臭氧的利用率降低。

（2）pH 的选取。臭氧漂白时，浆料需要先进行酸化，pH 应小于4。研究指出，最佳 pH 为 2~2.5，此时可获得最佳的漂白效果。此时不仅脱木素率（卡伯值降低）最高，黏度的损失也最少。酸化时可用硫酸或醋酸，硫酸较优于醋酸。

（3）臭氧浓度。臭氧在供气中的浓度对纸浆的卡伯值和黏度影响很小，较高的浓度能减少反应时间。此外，臭氧浓度较高，供气的体积也小，贮气设备也相应较小，一般的臭氧浓度为 3.0%~5.0%，可供高浆浓臭氧漂白使用；臭氧的浓度高达 10%~12% 时，则可供中浆浓臭氧漂白使用。

（4）臭氧用量。研究表明，臭氧用量 1.0%~2.0%（对绝干浆）时最有利于漂白反应。提高臭氧用量，将降低所需的反应时间，但漂白有效性降低，纸浆黏度和强度受到损失。对经氧脱木素、卡伯值已经较低的纸浆，一段臭氧漂白 O_3 的用量一般不超过 1.0%。

（5）温度。高温会加速臭氧分解，降低脱木素效率；而即使是低温，臭氧的反应也很快。因此，臭氧漂白通常在室温下进行。

（6）漂白浆浓。臭氧漂白时的浆浓非常重要，臭氧漂白应采用较高的浓度。低浆浓的条件没有实用价值。大量实验室和中间工厂的试验工作表明，浆浓40%～55%能达到最大的脱木素效果，但是纸浆的降解较低浆浓时严重得多。现在，由于高强度混合器的出现，中浓臭氧漂白得到发展。目前已投产的臭氧漂白系统中，中浓已占多数，试验和生产证明，中浆浓臭氧漂白完全可以达到高浆浓时的脱木素效果，而且纸浆的降解较少，纸浆的黏度也较高。

高浆浓臭氧漂白是在常压下进行的。由于臭氧在水中的溶解度很小（约1mg/100mL水，27℃，0.1MPa），因此不能靠溶解在水中的臭氧来进行漂白。臭氧的漂白主要是在高浆浓时靠臭氧向纤维内部的扩散来进行，由于此时水膜的阻力小（不像低浆浓时水层很厚，臭氧难以扩散），臭氧能迅速透过很薄的非流动层扩散到纤维，与木素反应。但干度过高的纤维又会阻止臭氧的扩散。许多研究认为浆料浓度在40%～50%较好，通常高浓臭氧漂白的浆浓在30%～50%之间。

如图4-3-3是高浓臭氧漂白的生产流程。纸浆用冷却了的蒸馏水稀释并加酸和螯合剂处理，然后用压榨洗涤机挤出废液，高浓纸浆经撕碎和绒毛化后，进入气相反应塔与臭氧反应，漂白纸浆经洗浆机洗涤后送（EO）段。

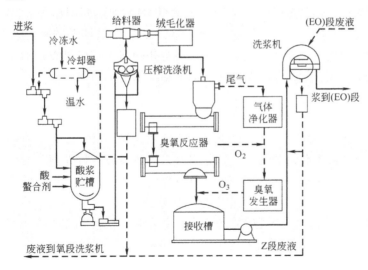

图4-3-3　高浓臭氧漂白的生产流程

如图4-3-4为中浓臭氧漂白的生产流程。纸浆经酸化后用泵压入高强度混合器，与用压缩机压入的压力为0.7～1.2MPa的臭氧/氧气混合，

在升流式反应塔与 O_3 反应，漂后纸浆与气体分离，残余的 O_3 被分解，纸浆送洗涤机洗涤。与高浓臭氧漂白相比，中浓臭氧漂白的投资较少，实施容易，因此，成为臭氧漂白的主要生产流程。

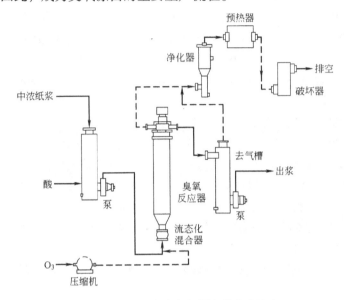

图4-3-4　中浓臭氧漂白的生产流程

（7）助剂的选取。臭氧漂白前除去过渡金属离子、用酸调节 pH、增加臭氧的稳定性和溶解性，都能改善臭氧的脱木素选择性。臭氧漂白时，添加醋酸、草酸、甲酸、甲醇、脲－甲醇以及二甲基甲酰胺等有机化合物，对保护碳水化合物都是有效的，但有些助剂（例如甲醇）所需的量太大，成本过高，影响了其在工业上的实际应用。

4. 臭氧漂白废气的处理

臭氧漂白塔排放的废气中有氧和残留的臭氧，可能还有少量的一氧化碳和大量的碳氢化合物等，它们必须进入循环系统进行处理。首先是用热分解装置将臭氧破坏掉，因为臭氧是有毒的气体，在排入空气前要破坏掉才行。其次是要将碳氢化合物进行催化分解，生成 CO_2 和 H_2O，CO 此时也变成 CO_2。以后，废气还需进行清除 CO_2 和其他惰性气体的工作，如不清除，则会影响而后再用于臭氧生产时的得率。同时还要经过除雾装置以除去上述反应形成的水。通过以上净化、干燥的废气，此时只剩下 O_2，可以循环再用于臭氧的生产，不过，这样的净化、干燥过程的费用是高昂的。因此，有些工厂已经采用漂前将臭氧和氧分离的方法。方法是将供气中的臭氧在一个容器中用硅胶吸收，放出的气体降压后进另一容器中，这样分离出来的氧就可直接回到臭氧发生器再用。硅胶吸收的臭氧经解吸后用于漂白，这样，漂后废气的处理就会简单得多。

4.3.4　过氧化物漂白工艺

1940 年，过氧化氢作为"表面漂白剂"常用作机械浆或化学机械浆的漂白。20 世纪 80 年代后期，由于环境对含氯漂白剂使用的限制，过氧化氢用于化学浆的漂白迅速增长。过氧化物较少用于化学浆单段漂白，工业上主要用在多段漂白中与其他漂剂组合使用。H_2O_2 用于亚硫酸盐浆多段漂白早已实现工业化。对硫酸盐浆来说，H_2O_2 作为脱木素剂是 1982 年瑞典人开始进行首次研究的，在生产上的应用是 1990 年在瑞典 Aspa Bruck 进行的。H_2O_2 用于程序中的中间段时，具有抽提和氧化效应，这有助于脱木素，同时也表现出明显的增白作用。当用于多段漂白的最后一段时，主要起提高白度和稳定白度的作用。

1. 过氧化氢漂白

（1）过氧化氢的性质

过氧化氢是一种无色透明液体，有轻微的刺激性气味。工业产品为 30% ~ 70% 的水溶液。50% H_2O_2 水溶液的相对密度为 1.19（25℃），凝固点 -52℃，分压 1.8kPa（25℃），沸点 114℃。过氧化氢能与水、乙醇和乙醚以任何比例混合。纯净的过氧化氢相当稳定，但遇过渡金属如锰、铜、铁及紫外光、酶等易分解，可加少量 N - 乙酰苯胺、N - 乙酰乙氧基苯胺等作稳定剂。

过氧化氢水溶液呈弱酸性，并按下式电离（25℃）：

$$H_2O_2 \rightleftharpoons H^+ + HOO^-$$

$$Ka = \frac{[H^+][HOO^-]}{[H_2O_2]} = 2.24 \times 10^{-12}$$

$$pKa = pH - \log\frac{[HOO^-]}{[H_2O_2]} = 11.6$$

温度愈高，在同样条件下的电离度愈高；pH 在 9 ~ 13 之间时，pH 愈高，电离度就愈大。过氧化氢水溶液易受过渡金属离子（锰、铁、铜等）的催化而分解，除生成 O_2、H_2O 和 OH^- 外，还有 $HO\cdot$、$HOO\cdot$、$O_2^-\cdot$ 等自由基生成，这些自由基对过氧化氢漂白过程中的脱木素和碳水化合物的降解有重要的影响。

（2）过氧化氢漂白时的化学反应

过氧化氢是一种弱氧化剂，它与木素的反应主要是与木素侧链上的羰基和双键反应，使其氧化、改变结构或将侧链碎解。蒸煮过程所形成的各种醌式结构也可以发生反应，导致醌式结构破坏，变为无色的其他结构。因此，在过氧化氢漂白时，既能减少或消除木素的有色基团，也能碎解木素使其溶出。

在温和条件下过氧化氢与碳水化合物的反应是不重要的。但在过氧化氢漂白过程中，H_2O_2 分解生成的氢氧自由基（HO·）和氢过氧自由基（HOO·）都能与碳水化合物反应。HOO· 能将碳水化合物的还原性末端基氧化成羧基，HO· 既能氧化还原性末端基，也能将醇羟基氧化成羰基，形成乙酮醇结构，然后在热碱溶液中发生糖苷键的断裂。H_2O_2 分解生成的氧在高温碱性条件下，也能与碳水化合物作用，因此，化学浆经过氧化氢漂白后，纸浆黏度和强度均有所降低。若漂白条件强烈（例如高温过氧化氢漂白），又没有有效地除去浆中的过渡金属离子，漂白过程中形成的氢氧自由基过多，碳水化合物会发生严重的降解。因此，必须严格控制工艺条件。

（3）影响 H_2O_2 漂白的主要因素

影响 H_2O_2 漂白的主要因素有：H_2O_2 用量、温度、时间、pH、纸浆浓度、NaOH 用量和 Na_2SiO_3 用量等。其中主要因素是 H_2O_2 用量和 NaOH 用量。

①漂白温度和时间。漂白温度和时间是两个相关的因素，提高温度可以减少时间。传统技术工艺中，过氧化氢漂白采用较低的温度（40℃ ~ 60℃）。而现代的趋势是提高漂白温度，以强化过氧化氢的漂白和脱木素作用。提高温度，有利于缩短漂白时间和增加纸浆白度。一般常压下最高漂白温度为 90℃。压力下漂白温度不超过 130℃，以免引起 H_2O_2 的氧 - 氧键均裂。

②H_2O_2 用量。H_2O_2 用量增加，纸浆白度增加。化学浆的多段漂白，若仅有一段过氧化氢漂白，一般 H_2O_2 用量不超过 2.5%；若有多个过氧化氢漂段，一段 H_2O_2 用量不超过 1.5%，总 H_2O_2 用量不多于 4.5%。

③材种和浆种。过氧化氢漂白效果随材种和制浆方法的不同而异，这主要与浆中抽出物含量有关。总的说来，阔叶木浆易漂，针叶木浆难漂；相同的原料，亚硫酸盐法浆比硫酸盐法浆好漂些。

④纸浆浓度。在相同的 H_2O_2 用量和温度、时间条件下，浆浓提高，

白度增加。高浓也有利于节约蒸汽，NaOH 用量也可减少。但中浓漂白投资较少，操作较易，近年来得到迅速发展。

⑤pH 与 NaOH 用量。H_2O_2 漂白时 pH 的控制非常重要。为了保证漂液中有必要的 HOO^- 浓度，必须有足够的碱度。但 pH 过高，H_2O_2 的电离速度过快，会造成无效损失。许多试验研究表明，漂初 pH 为 10.5 ~ 11.0，漂终有 10% ~20% 的残余 H_2O_2，pH 为 9.0 ~10.0 时，漂白效果较好。

pH 主要由加入的 NaOH 量来调节，即要控制合适的 $NaOH/H_2O_2$ 比值。$NaOH/H_2O_2$ 比值在 2.0 以下范围内，随比值增加，卡伯值下降较快，黏度损失小。$NaOH/H_2O_2$ 比值在 2.0 以上时，比值增加，卡伯值下降趋缓慢，而黏度损失迅速增大。因此，$NaOH/H_2O_2$ 比值以控制在 1.6 ~2.0 较合适，并且随着 H_2O_2 用量的增加，该比值应减少以防止碳水化合物的过度降解。中浓（9% ~ 12%）漂白时，$NaOH/H_2O_2 = 1$ 较好；高浓（20% ~30%）漂白，$NaOH/H_2O_2$ 比值为 0.25 即可。

（4）H_2O_2 漂白的改进与发展

①金属离子的控制。过渡金属离子如锰、铜、铁等会催化分解 H_2O_2 并产生自由基。虽然一定量的自由基有利于脱木素，但这些自由基会引起 H_2O_2 的无效分解，并导致碳水化合物降解。碱土金属离子，如 Mg^{2+}、Ca^{2+} 等却能稳定并保护碳水化合物。因此，H_2O_2 漂白时必须控制浆中的金属离子分布，即尽量去除过渡金属离子而保留适量的碱土金属离子。

酸处理：用酸处理纸浆，使浆中金属离子溶出并通过洗涤而除去。一般用无机酸 H_2SO_4 或 HCl，酸处理时必须根据不同的浆种优化 pH、温度和时间。pH 为 3 时，采用较高的温度（75℃），才能更有效地除去浆中的过渡金属离子；pH 为 2 时，处理的温度可以降低，时间也可以缩短。酸处理段加入 SO_2 或 $NaHSO_3$，可以增加金属离子的去除，改善其后过氧化氢漂白性能。由于酸处理也除去了镁和钙，为了稳定 H_2O_2 和保护碳水化合物，可根据浆中残余的镁和钙量，在过氧化氢漂白时补加适量的镁。

螯合处理：螯合处理是在适当的温度、时间和 pH 等条件下，用螯合剂处理纸浆，然后洗涤。常用的螯合剂有：DTPA（二亚乙基三胺五醋酸）和 EDTA（乙二胺四醋酸）。相比之下，DTPA 的处理效果较好。螯合处理时 pH 对处理效果有显著的影响。对 DTPA 和 EDTA，较佳的 pH 为 4 ~6。Q 段的温度为 60℃ ~90℃，处理时间 30 ~60min。

②过氧化氢的活化。有些化合物，能够活化过氧化氢，提高漂白效率，这些化合物称之为的活化剂。例如，氨基氰能与过氧化氢反应生成氨基亚氨基过氧酸：

$$H_2O_2 + H_2NC \longrightarrow H_2NC = NH \rightleftharpoons H_2NC = NH + H^+$$

氨基亚氨基过氧酸离子是很强的亲核剂，能选择性地与发色团和木素反应，增加纸浆白度。带有亚胺基的芳香氮化合物，如聚吡啶（1，10－菲啰啉及其衍生物，2，2′－二吡啶等）在碱性高温（90℃～120℃）条件下，能增强过氧化氢漂白作用，提高白度，而对黏度影响较小。

钨酸盐和钼酸盐催化剂能活化酸性过氧化氢。聚氧金属簇合物能控制过渡金属的活性。硅－钨－锰基簇合物与经氧脱木素的针叶木硫酸盐浆在125℃下作用 2h，纸浆卡伯值从 35（氧脱木素前）降至 5，而黏度的损失不大，从 34mPa·s 降至 27mPa·s。聚氧金属簇合物与木素反应后可重新氧化，循环使用。

③压力高温过氧化氢漂白。过氧化氢是一种弱氧化剂，为了增强过氧化氢的脱木素和漂白作用，目前已有许多工厂采用强化过氧化氢漂白，即在更高的温度下用氧加压的过氧化氢漂白，称之为（Po）漂白。（Po）段结合碱氧漂白和过氧化氢漂白的优点，明显改善了漂白效果。

研究表明，在 95℃～120℃范围内，随着温度的升高，H_2O_2 和 NaOH 消耗速度增加，pH 下降，纸浆白度提高，卡伯值降低，黏度也相应下降。在恒定温度下，随着压力的升高，纸浆卡伯值的下降略有增加，而白度明显提高。加压能增加氧的溶解度和强化传质过程。理论上，较高的氧压可以防止过氧化氢漂白时所不希望发生的副反应：

$$H_2O_2 + HOO \longleftrightarrow H_2O + HO + O_2$$

$$H_2O_2 \longleftrightarrow H_2O + \frac{1}{2}O_2$$

加压能阻止上述化学平衡向右移动，避免或减少 H_2O_2 的无效分解，提高 H_2O_2 漂白效率。

2. 过氧酸漂白

虽然早在 1948 年就已开始了过氧酸作为脱木素剂的研究，但直到 20 世纪 90 年代过氧酸漂白才引起造纸界的重视。大量的试验研究证明，过氧酸既可作脱木素剂，又可作漂白剂和木素的活化剂。过乙酸是研究最多的过氧酸。它是一种刺激性强的无色液体，具有过氧化物的一般性质，在稀溶液中相当稳定，能溶解于水、乙酸、乙醇等有机溶剂中。过乙酸是用冰醋酸或乙酸酐，以 H_2SO_4 作催化剂，与 H_2O_2 反应而制得的。反应式如下：

$$(CH_3CO)_2O + H_2O_2 \longrightarrow CH_3COOOH + CH_3COOH$$

$$CH_3COOH + H_2O_2 \longrightarrow CH_3COOOH + H_2O$$

（1）过氧酸的漂白原理

过氧酸与木素的反应主要为亲电取代/加成反应和亲核反应。亲电取代反应导致羟基化和对–苯醌的形成，亲电加成反应导致 β–芳基醚键的断裂。过氧酸与羰基化合物进行亲核反应，使苯环开裂并进一步降解溶出。过氧醋酸和过氧硫酸与木素的反应途径是相同的，但其反应性不同。过氧醋酸的亲核性较强，亲电性弱；过氧硫酸的亲电性强，亲核性弱；而含有过氧醋酸和过氧硫酸的混合过氧酸，既有较强的亲核性，又有较强的亲电性，因此有较强的脱木素和漂白能力。

过氧硫酸和过氧醋酸是强氧化剂，其氧化电势分别为 1.44V 和 1.06V，与氯和二氧化氯的氧化电势（分别为 1.36V 和 1.15V）相近，其优点是不含氯。过氧酸的亲核性和亲电性都比 H_2O_2 强，是比 H_2O_2 更为有效的脱木素剂和漂白剂。

（2）过氧酸在纸浆漂白中的应用

①过氧酸作脱木素剂。由于过氧酸有较强的脱木素的作用，因此可以取代或强化氯化，例如，将漂白流程由（CD）（EO）DED 改为 Pxa（EOP）D（EP）D，可实现无元素氯漂白。氧脱木素已广泛用于纸浆的 ECF 和 TCF 漂白，其主要缺点是投资较大。过氧酸与（EOP）结合，可以达到通常氧漂达到的脱木素程度。例如，卡伯值为 20.4 的硫酸盐木浆，用1% 的过氧酸（以 H_2O_2 计），经 Pa（EOP）、Px（EOP）和 Pxa（EOP）漂段后，其脱木素率分别达 42.6%、44.6% 和 56.0%，因此，可以代替氧漂，节省投资。

②过氧酸作活化剂。过氧酸可用作氧或过氧化氢漂白前或漂段间的活化剂，以活化浆中残余木素，使其在后面漂白段中更易降解溶出，提高白度。

③过氧酸作漂白剂。过氧醋酸用于 ECF 漂白，可减少有效氯用量而达到高白度。由于 Pa 的成本高，通常在漂白流程后面一、二段即浆中木素含量低时使用 Pa。过氧醋酸漂白的最佳 pH 和 ClO_2 漂白很接近，最佳温度也在相同的范围内，而且过氧醋酸和二氧化氯相互间不会迅速反应。因此，在二氧化氯漂段中加入少量的过氧醋酸，可提高白度或降低二氯化氯用量。在 TCF 漂白中，过氧酸可作为一个漂白段，取代其中一个含氧漂白段，例如可用 Pa 来代替 P 段。

4.3.5　二氧化氯漂白工艺

作为纸浆漂白剂，二氧化氯（ClO_2）是在 1946 年以后才在工厂中正式应用的。二氧化氯能够选择性地氧化木素和色素，而对纤维素没有或很少有损伤。漂白后纸浆的白度高，返黄少，浆的强度好。但 ClO_2 必须就地制备，生产成本相对较高，对设备耐腐蚀性要求高。

1. 二氧化氯的性质

二氧化氯与元素氯不同，它有很强的氧化能力，是一种高效的漂白剂。二氧化氯气体为赤黄色，液体为赤褐色，具有特殊刺激性气味，有毒性、腐蚀性和爆炸性，凝固点 $-59℃$，沸点 $11℃$，气态相对密度 2.33。ClO_2 易溶于水，通常使用的 ClO_2 水溶液浓度为 $6 \sim 12g/L$。液体和气体 ClO_2 都容易爆炸，即使经空气稀释的 ClO_2，遇光、电、火花、铁锈、油等都会爆炸，爆炸时分解成 ClO_2 和 O_2。因此，在制备和使用时必须高度重视安全操作。在空气中 ClO_2 浓度应小于 13%，分压低于 13.3kPa。

2. 二氧化氯漂白时的化学反应

ClO_2 与酚型木素结构的反应，首先是形成酚氧自由基及其他中介自由基，这些自由基与 ClO_2 形成亚氯酸酯，进一步转变为邻醌或邻苯二酸、对醌和黏糠酸单酯或其内酯，反应增加了浆中残余木素的水溶性和碱溶性。ClO_2 也与非酚型的木素结构单元反应，但反应速率较慢。ClO_2 与侧链共轭双键的反应形成环氧化物，pH 较低时，经酸催化水解生成二醇。

酸性条件下 ClO_2 漂白对碳水化合物还会有少许的降解作用，但比氧、氯和次氯酸盐小很多，主要表现在酸性降解和氧化反应两个方面。二氧化氯氧化后会现出少量的各种糖酸和糖醛酸的末端基，如阿拉伯糖酸、葡萄糖酸、乙醛酸和赤酮酸等末端基。另外，纤维素大分子还会出现葡萄糖醛酸基。但这些基团的产生为数不多。

3. 漂白过程的控制

（1）漂白时间：ClO_2 和纸浆的反应开始很快，5 min 内 ClO_2 就消耗加入量的 75%，白度由 78% 升到 88% G. E.，在 4h 内白度继续缓慢上升，以后又稍有下降，在 70℃ 下超过 3h 的漂白效果已减少，因此时间以 3h 左右为宜。

（2）浆浓：和次氯酸盐漂白不同，ClO_2 漂白时浆浓的影响不大，浆浓在 4% ~15% 范围内变化时，反应速度几乎不变，因此 ClO_2 漂白时在不同浆浓下所需的时间和温度大致相同，其原因是漂白温度较高，ClO_2 溶解度有限，ClO_2 变成气相，因此，纸浆浓度的提高，并不意味着漂剂浓度加大，但从节约蒸汽、提高设备生产能力，减少废液排放量等方面来考虑，要尽可能提高浆浓，一般是 11% ~12%。

（3）pH：pH 对 ClO_2 漂白反应影响很大。在酸性范围内，纸浆的白度和黏度较高，而在碱性范围内，漂白效果不好，黏度下降。可以在中性条件下漂白，但反应速度很慢，一般多在 pH3 ~5 的微酸性下进行，既可节约 ClO_2 用量，又能保证浆的质量。二氧化氯加入到纸浆中时（特别是，如果二氧化氯溶液中含有相当量的氯时），在漂白反应中可生成盐酸和有机酸，将使 pH 降到 3 以下，此时可加入氢氧化钠调整 pH。

（4）温度：当其他条件一定时，温度增高，漂白速度变快。在一定范围内提高温度，白度也提高。但如 ClO_2 用量不足，温度过高，时间过长，则出现纸浆返黄，一般漂白温度为 50℃ ~80℃，以 60℃ ~70℃ 为宜。低于 60℃，白度提高慢，高于 70℃，纤维素会受到降解。

（5）二氧化氯的用量：含二氧化氯漂白的典型漂白流程为 CEDED，白度可达到 90% ISO 以上。在此系统中，D1 段的 ClO_2 用量一般为 0.5% ~1.5%，D2 段的 ClO_2 用量一般在 0.4% ~0.6%，当 D1 段用量占总用量的 75% 左右时，达到相同的白度所需的 ClO_2 总量最少。或者说 25% 左右的 ClO_2 用于 D2 段漂白，纸浆的白度最高。

第5章 纸页成形和气流成形技术

广义地讲，"成形"是指形成纸幅的整个过程。纸页成形过程最终会形成纸张产品的基本结构，是造纸技术中纸张质量把控的关键环节。气流成形是干法成形技术的一种，从造纸的角度来看，气流成形技术是唯一的一种有吸引力的干法成形造纸法。本章将主要探讨纸页成形和气流成形技术。

5.1 纸页成形技术

纸浆在网部经逐渐滤水并最终形成湿纸幅，原则上滤水过程中能分成两种形式，即过滤和浓缩，如图 5 - 1 - 1 所示。

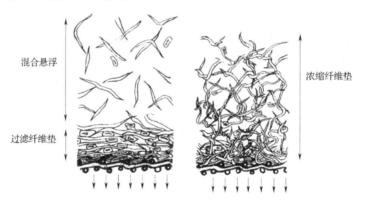

图 5 - 1 - 1 过滤脱水（左）和浓缩脱水（右）

传统的纸页成形技术，过滤脱水占主导地位（高浓成形则相反）。当水被脱除时，纤维沉积在湿纸幅表面，此时，离开流浆箱的喷射纸浆中的混合纸浆仍未接触湿纸幅，而在湿纸幅的上面。传统的纸页就是利用这种方式形成稳固层叠的纸幅结构。根据浓缩原理，纸浆中的纤维絮聚体发生脱水作用。当所有的混合纸浆都发生了脱水作用后，剩余水的脱除过程就是一个浓缩过程，即纤维网络的压缩过程。

在长网成形技术中，纸浆透过水平成形网向下脱水，这也是纸机的原始脱水原理。在 20 世纪 70 年代，在印刷纸的生产中大量使用了双网成形，混合纸浆被加入到双网之间，这使双向脱水成为可能，从而大大降低纸幅的不对称性，减少了纸页的两面性。现在，双网成形和脱水技术越来越多地用于生产包装纸和纸板纸。

5.1.1　造纸过程中纤维的沉积

因为纤维在网部的分布会直接影响纸页成形的质量，所以纤维的均匀分布是非常关键的因素。以往的生产中主要有 3 种改善纤维分布的方法，即脱水、定向剪切和湍流（如图 5 - 1 - 2 所示）。

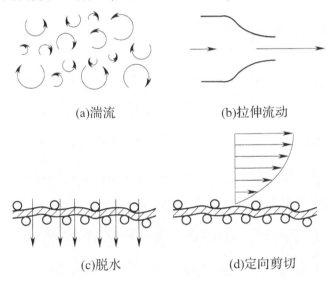

(a)湍流　　　　　　　　　(b)拉伸流动

(c)脱水　　　　　　　　　(d)定向剪切

图 5 - 1 - 2　改善纤维分布均匀性的原理示意图

（1）湍流在成形区前部（即流浆箱喷管的喷嘴前面）是有利的。这是由于湍流能够分解较硬、较大的纤维絮体，从而让浆料均匀。不过，尽管在湍流存在的条件下纤维絮体会发生分解，但当湍流减弱之后，纤维絮体又会再次形成。

目前由于增加流浆箱内湍流发生器能量输入的趋势不断增加，浆料的再絮聚作用很难发生。脱离流浆箱喷管的浆流中，任何的湍流都将增加喷流的表面粗糙度，进而将与成形网纤维表面反应，并干扰纸页成形。同样，脱水过程中存在的任何湍流也会对纸页的成形造成不利影响，这种不利影响可通过手抄纸成形时的持续搅拌来简单说明。

（2）实践证明，纤维絮体在拉伸流动中因受到拉伸作用而破碎分解。拉伸流动最初由流浆箱喷管中的加速作用发展而来，并且可通过使用较高的喷嘴收缩系数，使其在纸页成形时得到改善。成形改善的拉伸流动也可通过在双网成形中的压力脉冲得到。

（3）脱水对定量的局部变化有一种"自愈效果"。

（4）在脱水过程中，定向剪切力使絮体分解。游离的絮体不会分解，但只有在脱水流动力作用下，絮体被成形网所捕获。

纤维定向的各向异性还受到定向剪切力的影响。在脱水过程中，当纤维的一端沉积到湿网表面后，剪切场将会使纤维沿剪切力的方向排列。浆料与网部的速度差是剪切力的来源。有利的速度差会使纤维沿纸机方面排列，反之就会相反排列。这两种情况都会提高纤维的定向各向异性。

5.1.2 造纸用成形网

成形网是编织的无边缘带状网，浆料可通过成形网进行脱水，湿纸幅沉积在上面。编织物（材料、直径）和编织类型影响成形网的特征。合成网的设计由单层发展到双层、三层。贴纸面较细、滤水性较强，背面较粗、耐磨性较好的多层设计可以创造最佳的可能性。从纸张质量的角度来说，三维网表面结构对纸张表面结构和脱水阻力有较大影响。用于脱水的开放区的分布，与成形网表面的关节，对最初的纸幅成形和纸页的表面结构有较大影响（图 5 - 1 - 3）。

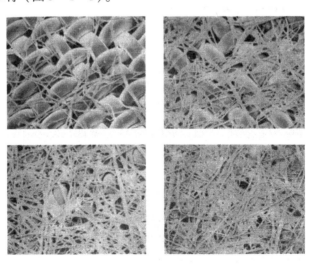

图 5 - 1 - 3　三层织布上定量分别为 0.2、4、7 和 10 的纤维垫层

在较低的定量下，纤维能够明显地避免产生成形网关节。只有纸幅定量约为 10 g/m² 时，纤维分布才会基本不受成形网设计的影响。21 世纪初的几年间，每平方厘米关节的数量由 500 增加到 1000 个，从而减少了网印。

为了生产表面光滑的无网印纸张，具有极小开孔且表面较平的成形网更为合适。然而，某种程度的三维表面有利于脱水作用，这是由于单根纤维连接成了脱水开孔，从而避免造成完全堵塞。

5.1.3　脱水过程

打浆度（°S）或游离度（CSF）是用来表征纸浆性质的标准实验室参数，并被常用于预测纸机的脱水性质。不过，有两种主要原因阻碍在造纸过程中成功预测纸浆的滤水性质。

（1）沉积的浆垫结构会影响液流阻力和决定成形过程的细节。

（2）湿纸幅被高度压榨，因此纸幅的滤水阻力取决于施加的脱水压力。

Ingmanson 等人根据过滤理论对脱水阻力进行了早期研究。他们是基于 Kozeny – Carman 方程建立了该理论：

$$\frac{dQ}{dt} = \frac{1}{K} \frac{(1-\phi)^3}{S^2 \phi^2} \frac{1}{\mu} \Delta p \tag{5.1.1}$$

式中，$\dfrac{dQ}{dt}$——单位面积纸幅的滤水率；

$\quad$ Δp——横幅压力梯度；

$\quad$ ϕ——纸幅占固形物的体积分数；

$\quad$ S——单位体积固形物的比表面积；

$\quad$ μ——液流的黏度；

$\quad$ K——Kozeny 常数。

Kozeny – Carman 方程假设层流以一种不可压缩的介质穿过平行毛细管。但在湿纸幅中，任何一种假设都是不正确的。已有形式的 Kozeny – Carman 方程不能用来进行预测，这在成功应用于纸页成形之前必须对其进行改进。

Radvan 对长网纸机的脱水研究进行了基础性总结。他认为公式（5.1.1）得出的表面积值与其他方法得出的比表面积之间相差了一个数量级。

我们已知湿纸幅的压缩性对脱水率有较大影响。尽管使用与现代化网部同样水平的压力，纸幅浓度仍将明显增加（图 5 - 1 - 4）。在经过传统的低脱水压力下的脱水后，湿纸幅的浓度会在 3% ~ 4% 的范围。如图 5 - 1 - 4所示，当施加 10 kPa（双网成形时常用的脱水压力水平）的压力后，纸幅的干度将大于10%。在较高的干燥水平下，纸幅的滤水阻力也会因此得到明显的增加。

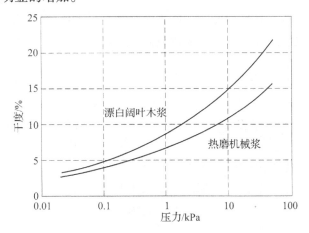

图 5 - 1 - 4　不同压榨压力下的纸幅浓度

在网部的脱水过程中，浆料悬浮液在形网上压缩形成多孔渗透性湿纸幅，悬浮液中的固体颗粒物留着积累到一定的程度（定义为留着水平），最初是在形网的表面，然后是在湿纸幅的表面积累。以下一些参数会影响穿过湿纸幅的流动阻力：①纸浆浓度和原料组分；②纤维性能（大小、润涨度、松弛性能）；③化学条件，特别是在助留剂的应用过程中，细小纤维和填料的凝聚性及其对纤维材料的吸附；④流浆箱喷嘴特性；⑤成形网特性；⑥压力驱动脱水时随时间的变化情况。

在成形辊成形过程中，Martinez 部分研究了这些情况的复杂性，但有必要进行更多的研究来获得更精准的预测。

对于实际应用，通常用经验公式来计算脱水容积，Wahlstrom 和 O' Blenes 给出以下计算公式：

$$t = \frac{k}{c} w^{\alpha} (\Delta p)^n \qquad (5.1.2)$$

式中，t——脱水时间；

c——纸浆浓度；

w——沉积定量；

Δp——脱水压力；

k、α 和 n——经验常数。

5.1.4　长网成形机械部分

传统纸机是长网纸机，1820 年左右开始投入使用。它采用水平网，单面脱水。多种文献详细讨论了传统长网纸机脱水，图 5 - 1 - 5 为经过改造现代长网纸机。

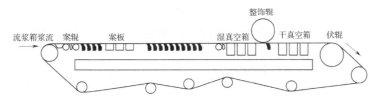

图 5 - 1 - 5　长网纸机基本特征

　　总的来说，所有脱水均依赖重力作用，支撑辊仅用于维持网子水平，同时会引起较小的摩擦阻力。现在，应用于长网网子下面脱水元件的目的为产生脱水效果，同时也是一种控制纸幅或形过程中纤维絮聚程度的方法。

浆流的着网点及初始脱水对脱水能力和产品质量来说都是十分重要的因素，浆流的理想着网点在成形板前缘的网部位置。如果浆流着网点在成形板前较远位置，过度脱水有损匀度；而着网点在成形板上，会混入空气而破坏成形。水力流浆箱中，流浆箱的进浆浆流压力脉冲过大会产生喷浆流速脉冲。使用长网成形器时，这种流速脉冲会导致严重的阶段性定量变化（起横纹）。网上产生的纵向定量波动经过放大效应，可增加至检测到的浆流流速波动的数十倍。

为了使长网纸机成纸的匀度有所提高，采用网案摇振装置，在纸机一侧水平周期性摇振网部前段，在网部混合浆料中产生定向剪切力，由此形成破坏絮聚的剪切作用。随着纸机车速的提高，悬浮浆料振动趋于减少，这种方法逐步被弃用。

近一些年来，实践中相机应用了新的更快的网案摇振发生器，最高可应用于车速 800 m/min 的纸机上。这种新的摇振驱动平衡装置消除了所有垂直力。

1．案辊

随着纸机车速的提高，车速范围达到旋转网部支撑辊——案辊——改良脱水能力。在 20 世纪 50 年代形成的案辊脱水的基本原理是由 Wrist 等人提出的。案辊抽吸压力峰值产生于网子与辊子间的下游扩张区（图

5－1－6），这导致辊子后面的网子产生局部向下弯曲，对应地进入下一个脱水元件前产生网子向上弯曲。这种网子的垂直移动使网子上的混合浆料不稳定，一定程度上提高最终纸幅匀度，也可以认为这种垂直振动可替代传统的水平网案摇振。

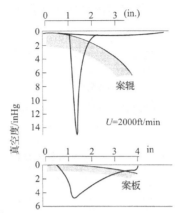

图 5－1－6　案辊和案板在 660 m/min 车速下的比较

在案辊前运行的网子底部往往会形成一层水膜，这层水膜是前一案辊脱水时残留下来的，这些水在前述抽吸脉冲形成之前通过网子产生向上的压力，这就产生了冲刷效应，使纸幅的网侧（即脱水过程中面向网子的一侧）细小纤维及填料含量减少。同时，纸幅下层滤水阻力减小。

因为案辊抽吸压力脉冲振幅与网速的平方成正比，所以，使用案辊具有最大速度限制，约为 500 m/min，纸机车速大于此速度时，垂直摇振强度过大，产生的扰动将破坏纸幅最终匀度。因此，案辊不能用作高速纸机的脱水元件。

2. 案板

20 世纪 60 年代开始，造纸工艺中使用了案板。在纸机车速较高，案辊不能使用的纸机上案板为普遍使用的脱水元件。案板包括安装网子下面的固定刀片，其上面与网子形成一个延长的小角，产生真空。通过选择足够小的角度，有时甚至低于 1°，即便在高网速条件下也可形成合适的抽吸压力。图 5－1－6 所示为案辊和案板的真空脉冲的区别。

由案板抽吸出的水大部分附着在网子的下方，并由下一个案板刮除。为减少单位宽度反作用力 F（由厚度为 δ 的水层挠度引起）产生的压力脉冲，前缘角应尽可能小，见图 5－1－7 及公式（5.1.3）。

$$F = \frac{2\ (1-\cos\beta)}{\sin\beta}\delta\rho\frac{u^2}{2} \tag{5.1.3}$$

式中，ρ——水的密度；

　　　u——网速。

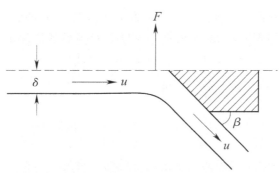

图 5-1-7　网速 u 下厚度为 δ 的水层在 β 角下产生的
单位宽度反作用力 F

若案板前缘角非常尖，则网子寿命会有所降低。前缘角产生的压力脉冲以及通过网子压回的水远比案辊小，使用案辊时网子下面所有水都被向上压过网子。

为了提高脱水的效率，可把多个案板一起安装在低真空吸水箱上，由此在案板间也发生脱水。每个案板的案板角和案板间距的综合最优化是一个复杂过程。改变传统结构的案板角必须更换案板，而某些现代结构的案板允许在线调节案板角。

Schmidt 做一项脱水实验研究，通过采用频闪光观察到的网上浆料表面来评估不稳定性。表面扰动振幅"活性（activity）"分级以数字 1（平面）至 10（严重跳浆）表示。除此之外，Schmidt 认为案板角沿网部方向增加能达到脱水能力和纸幅匀度的最优组合。Kibiranta 采用光学、地质技术研究了长网纸机混合浆料层的上表面结构，及其对纸幅匀度的影响。

（1）阶梯案板

阶梯案板包括一个平、短支撑面，随后有一个小的（几毫米）垂直阶梯，之后是一个稍低的表面，与第一个支撑面平行。阶梯案板组包括多个安装在真空箱上的案板。通过改变真空箱中的真空度，可以像传统案板组所要求的，不更换案板就可改变活性度。真空度越高，向下抽吸作用越强，网子活度越高。

（2）Iso - flo 案板

Iso - flo 案板是安装在真空吸水箱上的水平支撑刀片。安置于适当真空度下的案板，每两个刀片的第二个刀片表面稍低，网子被向下抽吸至低位支撑刀片。从而使混合浆料承受垂直脉冲作用，刀片间的垂直距离控制网上活性度。使用 Iso - flo 案板在不影响垂直搅动的情况下，真空度及脱水能力可提高，而传统案板和阶梯案板是不可能的。

3. 干真空箱和伏辊

在水线之后，使用高真空度吸水箱，吸水箱的平覆面具有圆形孔或缝。最后的真空脱水在伏辊处，真空度从真空箱的 15～40 kPa 到伏辊处的 40～80 kPa。在这个阶段的脱水是纸幅压缩和穿透空气的摩擦效应的共同作用。

4. 结构的改善

整饰辊是一种网子覆面开孔辊，结构为圆柱形，通常应用在浆料浓度为 2%～3% 的位置，通过在浆料中引入剪切力来提高纸幅匀度。整饰辊不是一个脱水元件，因此辊子前后悬浮浆料浓度几乎相同。如果整饰辊应用于网部更前些的位置会产生更好的效果，但会导致辊子后方喷浆。整饰辊很难用于高速纸机，源于两方面的原因：①如果辊子置于长网部的位置过前，甩向干部的水滴会在湿纸幅上产生印痕。②如果辊子位于更高干度区域，辊子难于保持洁净，高速情况下更为严重。

双网成形器可以看作是整饰辊的改良形式，能在低进浆浓度和高速下运行，形成匀度改善的纸幅。许多长网纸机，特别是那些生产印刷纸的纸机，通过安装顶网形式的延长脱水整饰辊改造成混合成形器。

离开网部的纸幅中纤维排布各向异性，一部分原因在于流浆箱喷射浆流的定向作用，一部分原因在于脱水过程中纤维取向的变化。脱水过程中，由浆网速差在网子/纸幅表面间及浆料间产生纵向剪切作用，这种剪切作用产生上述梳理效果。纤维排布各向异性不会在脱水过程中减少，只会因定向剪切而提高。

Danielsen 和 Steenberg 最先对纸幅 z 向的纤维排布各向异性进行研究，采用极坐标图描述纤维方向分布。研究发现，纸幅网侧纤维定向排布明显，这是由于这一侧最先形成，并且网子/纸幅间与浆料的相对运动随着脱水过程的进行逐步降低。

实践显示，长网成形过程中浆网速差影响纸幅匀度和纤维定向排布。

当速差稍微偏离 0 时，匀度提高，这可能是由于剪切作用破坏了纤维絮聚，也可能是由于浆料在纸幅平面的相对运动使过量纤维弥补局部低定量区域。速差大时，扰动效应会导致匀度被破坏。

Svensson 和 Osterberg 在实验纸机上进行了纸幅各向异性和匀度研究。图 5 – 1 – 8 的实验结果按习惯对浆/网速比作图，不同的绝对速率具有不同的曲线。Svensson 和 Osterberg 最先提出随后被证明的结论，即对浆网速差作图，所有结果都在同一条曲线上。

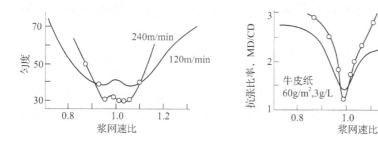

图 5 – 1 – 8　纸页各向异性（裂断长、匀度与浆网速比的关系）

应特别注意的是，在纸幅离开压榨部及干燥部运行过程中，除了纤维排布各向异性的影响，成纸裂断长的各向异性受纸幅张紧状态的影响也非常大。

在此之后，源于产品质量要求的提高，以及检测仪器发展的支持下，纤维排布偏差（fibre orientation misalignment）的关注度提高。纤维排布偏差的原因可能是由于流浆箱浆流矢量方向不完全与纵向一致，也可能是长网部的偏流。

Holik 和 Weisshuhn 认为，在现代高速纸机上，即使浆流与纸机纵向有小至半度角的偏差，也会产生相当大的横流流速。这个横流流速和纸机速度与浆流纵向速度的速差形成的和产生一个速度矢量，这个矢量代表浆料相对于网子的运动（图 5 – 1 – 9）。

图 5 – 1 – 9　相对浆料流速矢量 u_{rel} 与浆网速差（$u_j - u_w$）、横流速度（u_{cross}）的关系

Holik 和 Weisshuhn 认为，当浆网速差非常低时，相对流速矢量角度的局部变化非常大；当由浆流速度过快变化为网速过快时，偏差角符号改变。

5.1.5　双网成形技术

对于一定的产品来说，纸机车速度越高，网部所需的脱水时间越长。长网纸机在高车速纸机下，不稳定的流体表面会使出现问题的增多，这主要是由混合的不稳定性以及浆料与空气之间的摩擦力所导致的。在 20 世纪 50 年代就已经开始注意到这些问题了，并且开始了将混合浆料夹在双网之间的系列试验，也被称为"双网成形"。这种新理论具有诸多优点，比如，可以避免浆料与空气之间的自由面，通过双网脱水来增加脱水容量（图 5 - 1 - 10），使对称脱水和相应的对称纸张结构成为可能。因此，在每个方面，通过定量减半可以实现脱水减半，理论上脱水容量将是单面脱水的 4 倍。

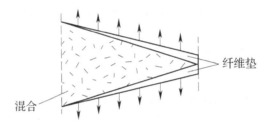

图 5 - 1 - 10　双边脱水的基本原理图

在双网成形器中，形成双纸幅，每张纸幅是总定量的一半，这就意味着，在低留着水平下也可达到长网纸机成形水平，这是由于留着率水平随着定量的增加而增大。纸幅强度将会提高到一定程度，自愈作用对于纤维分布的影响将会随着纸幅定量的降低而减小。

在 20 世纪 50 年代，大卫·韦伯斯特发明和证明了用于印刷纸生产的双网压辊成形器。图 5 - 1 - 11 显示的是他对该技术的发明专利手绘图。20 世纪 70 年代，这种技术正式进入商业化应用。布莱恩·阿特伍德的立式夹网成形技术（图 5 - 1 - 12）是在圣安尼纸板造纸厂中发展起来的，这是一种双网纸机，分开的纸板层沉积在底部的长网上。除了第一层，所有纸层都是经过顶网向上脱水，双网和纸幅在底网上压合在一起。在 20 世纪 60 年代，美国贝诺公司（夹网成形器）和 Black Clawson 公司（倒置成形器）发展了一种装有固定脱水组件的双网成形板成形器。

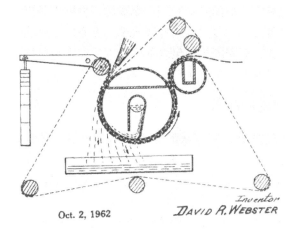

图 5 - 1 - 11　韦伯斯特成形辊成形器（美国专利设计图）

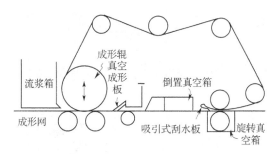

图 5 - 1 - 12　用于多层纸板脱水的叠网成形器

　　网成形器中的喷嘴直接将浆料送入双网之间的夹缝中，所以，维美德公司的安蒂·莱帝恩提出了"夹网成形器"这一名词。工业成形中典型的喷出厚度见表 5 - 1 - 1。

表 5 - 1 - 1　**工业成形中典型的喷出厚度**　　　单位：mm

纸种	厚度
新闻纸	8
高级纸	15
挂面纸板	25
纸袋纸	50

　　在液压成形器中，长网部在双网压区之前，大多数的液压成形纸机都源于长网纸机，通过网部末端安装向上脱水的顶网，在长网纸机的基础上进行了现代化的改造。

在 20 世纪 70 年代，双网成形技术成为新型印刷纸机的主流技术，双网脱水技术的优点有：①提高脱水容积；②更加匀称的纸张产品；③更低的定量偏差；④更好的成形；⑤更少的掉粉现象（印刷时的纤维脱落现象）。到了 20 世纪 90 年代，双网纸机在包装纸生产中也越来越重要，这是因为双网纸机可以在较低的定量变化下生产，并且高车速下的脱水容积更高。

1. 成形辊成形技术

在 20 世纪 70 年代，双网成形辊成形器在新型印刷纸机中占据了主导地位。在双网成形辊成形器中，喷射浆流注入包裹在旋转成形辊上的双网的压区中，可以同时通过内网和外网来进行脱水。脱出的水会停留在成形辊的外表面，在内网脱离压辊后排出（图 5-1-13）。在这之后，排出的水流入网下白水坑，流经外网而脱出的水也会流入网下白水坑。

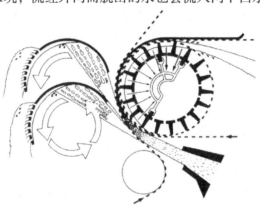

图 5 - 1 - 13　双面脱水的双网成形辊成形机

外网在给定的张力强度 T（kN/m）下，利用经典力学，上网浆料的流体压力 p（kN/m²）可以通过公式（5.1.4）得出：

$$p = \frac{T}{R} \qquad\qquad (5.1.4)$$

式中，R（m）表示的是形网的局部曲率半径。

外网沿直线通过成形区域时，$R = \infty$。外网曲率半径会逐渐的减小，从无穷大逐渐降低到成形辊半径 R，并相应地逐渐产生成形辊的脱水压力。在成形辊成形的初始阶段之后，成形网曲率 R 是一个可接受的近似值，因为相对于成形辊半径，外网和成形辊表面之间的间距很小。

成形辊成形器可以定性为流畅运行（无变量）和工艺可靠，纸页成形过程中，在没有太多的负面作用下，在一定程度上允许纸浆喷入方面出现瑕疵。20 世纪 70 年代使用的流浆箱中，成形辊成形技术还不能进行顶层成形，这是由于当时缓和的脱水作用所导致的。然而，在这之后的许多实验表明，使用高喷嘴浓度设计下的流浆箱（喷射浆料中的纤维方向各向异性很高），可以生产出改良的成形辊成形纸。

（1）离心作用

若流体的径向延伸长度 L，密度 ρ，以速度 v 沿着曲率半径为 R 的路线运动，离心压力为 p_c，那么有如下公式：

$$p_c = \rho L \frac{v^2}{R} \qquad (5.1.5)$$

通常认为成形辊成形器中的脱水压力是由离心力产生的，这种说法从根本上是错误的，因为脱水压力仅在弯曲外网的张力下产生，然而，内网的压降随着 p_c 量的减小而降低。为了补偿压降的降低，使内网和外网上的压降保持一致，在成形辊内部吸水区的辅助下（图 5 - 1 - 13），产生相对应的真空压 p_c。

离心压力 p_c 与网上 p_w 压力的比例可以通过下面的公式计算：

$$\frac{p_c}{p_w} = \frac{\rho L u^2}{T} \qquad (5.1.6)$$

若离心压力超过了网上压力，即如果公式（5.1.6）中的比值在实际中超过了限定的 $\dfrac{p_c}{p_w}$ 的比值，从公式（5.1.6）中可以清楚地看到，这些应用条件与成形网局部曲率半径无关。图 5 - 1 - 14 显示的是网速 u 下所对应的纤维分散液中径向厚度 δ 的最大理论值。

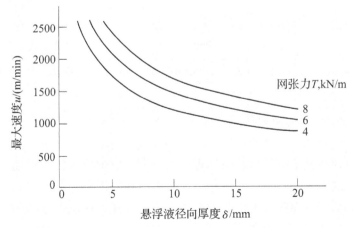

图 5 - 1 - 14　稳定脱水条件下不同悬浮液径向厚度 δ
和成形网张力 T 下的最大网速 u

（2）浆网速度比

长网造纸机上，在一定的浆网速度比下，可以使纤维方向各向异性达到最小。当流浆箱中的纸浆进入压辊成形器的成形网夹缝时，脱水压力 p 会逐渐提高到 $p = T/R$，这说明喷射速度提高了。如果用到伯努利方程，成形网之间自由喷射下的浆料流速 u_j 与加速的浆料速度 u_m 之间的关系式如下：

$$\rho \frac{u_j^2}{2} + 0 = \rho \frac{u_m^2}{2} + \frac{T}{R} \tag{5.1.7}$$

式中，ρ 是浆料密度。

若确定了最低可能的纤维定向，则成形区进口处加速后的浆料速度应该等于此时的成形网速度 u_w。在脱水过程中，定向剪切的梳理作用被削弱。根据公式（5.1.7），浆网速度比可以通过公式（5.1.8）来计算，式中的指数。表示的是最小定向作用：

$$\left(\frac{u_j}{u_w} \right)_o = \sqrt{1 + \frac{2T}{\rho u_w^2 R}} \tag{5.1.8}$$

这表明，若在双网轧辊成形器，所造纸张要达到最小的纤维各向异性，那么浆网速度比就必须总是高于 1。在原理上，这与长网纸机情况有所不同，在长网纸机中，浆网速度比为 1 时才能获得最小的纤维定向。

若喷射速度高于公式（5.1.8）给定的喷射速度，形成"各向同性"条件，那么在脱水过程中，纸浆流速也会高于网速，反之亦然。根据公式（5.1.8），对于最小纤维定向各向异性下的浆网速度比，会随着纸机速度的降低而增大（表 5-1-2）。

表 5-1-2　在不同的网速和最小纤维方向各向异性下的浆网速度比

网速/（m/min）	100	200	500	1000	2000
浆网速度比	2.53	1.53	1.10	1.027	1.007

注：$T = 6$ kN/m，$R = 0.8$ m。

需要注意的是，在双网间隙中，当喷射减速时，根据质量守恒定律，需要相应地降低纸浆厚度，使其等于表 5-1-2 中给定的浆网速度比。在保持稳定的浆流条件下，不可能出现过高的膨胀现象，因此，成形辊成形器不能在低于约 200 m/min 的网速下运行。此外，在技术层面上讲，绝对速度差要比浆网速度比更能决定最终的纸张产品质量。然而，简化公式（5.1.8）可以更直观地解释上面基于速度比的原理讨论。

在成形辊成形中，在脱水过程的绝大部分时间里，压力是保持恒定不变的。这说明，不可能出现局部的干扰情况，比如在长网纸机网部出现某些阻碍现象。改善成形作用的唯一方法就是，在运行时，使浆流与形网之间形成一定的速度差。在允许的范围内，通过定向剪切，在成形过程中可以获得良好的改善效果。

（3）纸张性能

经过实践检验，使用高喷嘴收缩比的流浆箱可以获得良好的促进效果。对于热磨机械浆，图 5－1－15 示的是如何通过抗拉刚度各向异性来评估纤维的定向各向异性，这取决于双网成形辊成形器中纸浆流速与网速之间的速度差。传统的长网纸机成形对比结果如图 5－1－16 所示，图 5－1－15 中方块表示的是使用喷嘴收缩比为 7 的流浆箱。根据最低点，可以估算出喷射浆流的各向异性值约为 1.6。增大纸浆流速与网速之间的速度差，各向异性会迅速增大。实心圆圈表示的是喷嘴收缩比为 17、喷射各向异性约 2.4 的流浆箱。

在这种情况下，纸张各向异性也会随着速度差的增大而增大。空心圆圈表示的是喷嘴收缩比为 30 的流浆箱，并且在不同的速度差下纤维定向各向异性保持不变。得到的结论是，流浆箱喷嘴具有足够高的收缩率时，在脱水过程中的纸浆纤维定向各向异性可以达到很高的程度，并且这种程度不能再提高。

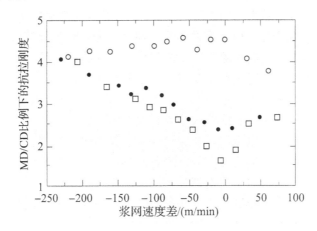

图 5－1－15　减速的纸浆流速与不同流浆箱喷嘴收缩比之间的
速度差对抗拉刚度各向异性的影响情况

对同样的流浆箱在双网成形辊脱水和长网脱水两种不同设计下进行对比，结果发现，大量的各向异性在相应的高喷嘴收缩比下产生的作用（图 5－1－15），只能在双网成形辊脱水中看到，而不能在长网脱水中看到。

这就揭示了这两种脱水原理之间的基本区别。在双网成形辊脱水中，浆料流动的不稳定性在双网的包围下得到抑制，并且脱水作用相对较快。而在长网脱水中，浆料流动的不稳定性，在形网上敞开的纸浆层会得到促进。结合较长的排水时间和次数，需要考虑合适的纤维再定向作用。图5-1-16显示的是小型纸页成形中的喷嘴收缩比的影响情况，波长范围为0.3~3 mm。

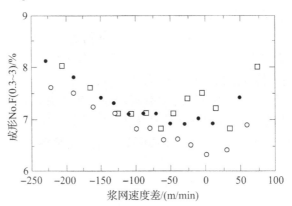

图5-1-16　在不同的流浆箱喷嘴收缩比

　　方形符号代表较低喷管收缩比的一般情况，提高纸浆流速与形网之间的速度差就可以改善成形效果。进一步提高纸浆流速与形网之间的速度差会导致较差的成形效果。图5-1-16还显示了当收缩比为30时（空心圆圈）发生的情况变化，取而代之的是，速度差为0时为最佳成形。这种变化的主要原因是，在高收缩比下，流浆箱中纸浆的絮凝状态已经得到了提高，在脱水过程中，通过速度差产生的定向剪切作用恶化了纸页成形。结果还发现，高收缩比下的成形尺寸范围为3~30 mm的大型成形辊成形中，在速度差为0左右时，其最佳成形具有很宽的区间。

　　按照这些结果可以得到以下结论：对于使用热磨机械浆在双网成形辊成形下生产的产品，需要很高的纤维各向异性水平，并且要使用高喷嘴收缩比的流浆箱；运行时不要使纸浆与成形网之间产生速度差，这样可以在小型以及大型成形中得到最佳的成形效果；应该通过调节流浆箱喷嘴收缩比，即通过调节开口尺寸来控制纤维的各向异性。

　　长网纸机脱水（图5-1-8）与双网脱水（图5-1-16），二者之间的浆网流速差对纸页成形的影响对比情况如图所示。可以看到，长网纸机脱水中，在成形效果变差之前，浆网速度差可以很低。这是因为成形辊成形器使脱水压力保持恒定，使成形纸幅紧紧贴在形网上。而在长网纸机脱水中，脱水是间歇性的，所以当没有脱水压力时，成形纸幅是未压缩的，在这种情况下，湿纸幅对纸浆中的剪切力的抵抗作用很差，因此会导致网上纸幅疏松，并且成形效果可能恶化。纸样厚度方向上的不同程度的纤维定向各向异性，可以根据前面所述的方法来分析。这种分析手段可以用来研究浆网速度差以及流浆箱喷嘴收缩比对纤维各向异性的影响(图 5 - 1 - 17)。

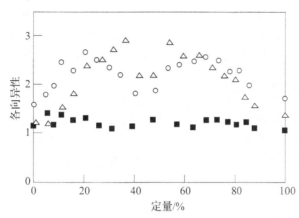

图 5 - 1 - 17　某一纸样在不同厚度水平下纤维定向的各向异性

从图 5 - 1 - 17 可以看到，在低流浆箱喷嘴收缩比和浆网速度差为 0 时，整个纸样的各向异性程度很低。纤维定向各向异性可以通过两种方式获得：①脱水过程中使用低收缩比喷嘴或负的浆网速度差(图 5 - 1 - 17)。②脱水过程中使用高收缩比喷嘴或零浆网速度差。

当浆网速度差不为零的时候，纸幅的中心会出现微小的各向异性最小值，这可能是因为纸浆中的纤维絮凝体所导致的，在脱水过程中，通过一些纯几何学的原理，在向纸幅中心方向上受到挤压，并且定向剪切在自由移动的纤维上具有更少的导向作用。

此外，在脱水过程结束时，当自由纸浆的纸幅厚度很小时，纤维没有足够的空间来改变运动方向。朝向纸张表面的较定向作用，主要是取决于靠近成形网的纸张短暂的排水时间，因此也就取决于短暂的定向剪切对纤维的排列作用。然而，在高喷嘴收缩比和速度差为零时。纤维定向各向异性程度遵循着相同的模式。事实上，朝向纸张表面较低的纤维各向异性程度，在浆料喷射撞击成形网时，会交替影响局部流动的干扰，并且脱水压力降低网间的纸浆流速。纸浆喷嘴两侧也会存在少许的初始纤维定向各向异性，这是流浆箱上下唇板水界层的作用而产生的。

在成形辊成形过程中，假设脱水压力是恒定的，那么对于最小纤维定向各向异性所需的喷射速度见表 5 - 1 - 2。前面已经提到，初始脱水阶段的压力只能逐渐地达到表 5 - 1 - 2 中假设的静态值。这说明，喷射速度到底应该达到多少，才可以产生最小的各向异性程度，这一点是很难确定的。另外，在夹网成形器中，实际喷射速度是很难准确测量的。FEX 纸机试验中发展了一种方法，即纸页成形过程中，在给定的最小纤维定向作用下来寻找"有效浆速"。纸浆流速和流浆箱各参数保持恒定，而网速则逐渐变化。在各网速下分析纸样的各向异性（超声波测量纤维定向分布的弹性模量），显而易见，利用这一方法计算出的纸浆速度会产生一些平均定量差异，但是在限定的范围内的定量差异，大部分纸张性能会正常化。

2. 成形板成形技术

早在 20 世纪 60 年代时，基于静态脱水设备的双网脱水原理就得到了发展。在布兰克劳森成形设备公司的 VF 型立式夹网成形器设计中，静态元件安装在形网的两侧，这些元件初期是对立排列，后来变为交错排列（如图 5 - 1 - 18 所示）。

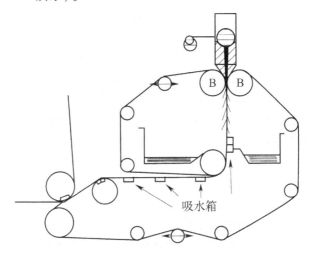

吸水箱

图 5 - 1 - 18　兰克劳森成形设备公司的 VF 型立式夹网成形器

造纸专家们尝试从理论上解释成形条件与脱水压力之间的相互关系，通过伯努利能量守恒方程，研究了喷射纸浆流入成形网之间预先确定的空间，其横截面积通常呈线性下降。然而这种方法并不成功，原因在于实际中的主要变量是局部的成形网曲率，依据公式 (5.1.4)，局部成形网曲率决定了脱水压力，显然，笔直的成形网没有任何脱水压力。

在美国贝诺公司的夹网成形器设计中，成形网一侧安装了弯曲的沟槽式弧面成形板。在 20 世纪 70 年代中期，这种成形器的基本脱水原理，在20 世纪 70 年代中期的成形辊成形器脱水原理研究中得到解释。根据公式

（5.1.4）可以计算出弧面成形板的脱水压力，成形网的曲率半径包含安装弧面成形板末端元件的半径 R，其在数量级上要大于成形辊成形器中的半径。美国贝诺公司提出的降低脱水压力，特别是在对比立式夹网成形与双网成形辊成形时，是改善纸页成形的主要方法。然而，在 1977 年的一项研究中指出了使用弧面成形板脱水的脉冲本性。独立弧面成形板元件之上的外网（张力 T），其局部偏角 2α 被认为是形成脱水驱动力 F 的基本原因（如图 5 - 1 - 19 所示）。

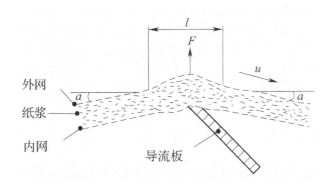

图 5 - 1 - 19 在恒定反作用力 F 下发生原位偏离和拉伸的成形网

脱水驱动力 F 的计算方法根据公式（5.1.9）：

$$F = 2T\sin\alpha \tag{5.1.9}$$

产生驱动力 F 的压力脉冲的形状，是由许多因素决定的：形网速度、形网分离程度、形网张力。此外，还有研究指出，脱水压力的脉冲特性，在浆网之间产生了剪切作用，因而改善了生产纸幅的成形效果。

把脉冲脱水压力的新理念应用于 FEX 纸机的网部设计中，引入成形板这种导向元件，组成"成形板成形器"。许多固定的成形板安装在一起，组成托板成形板。如果所有的成形板都安装在成形网的同一侧，即使成形网间距发生变化，压力脉冲实际上是不变的，这是因为外网在厚度方向上是自由运动的。这就表示，在成形辊成形器中的某些变化情况下，例如纸浆脱水性能发生变化的情况，以及切口变化或定量变化的情况下，成形辊成形器的脱水压力是可以自我调节的。然而，如果将一成形板安装在成形网的反面，那么成形网间距将会强烈的影响到所有独立成形板的成形网偏角，如图 5 - 1 - 20 所示。图中的实线代表原来的形网位置，虚线表示形网间的双倍距离。

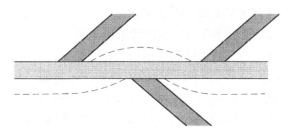

图5-1-20　3片固定成形板中的形网移动情况

　　如果在原始的成形网间距下，成形网可以直线通过成形板，然而网距翻倍后会产生很高的偏角，这就说明反面成形板的安装位置是极其重要的，并且需要即时调节和适应当前的运行条件。但这种技术不能应用在传统的双网成形板成形器中（立式夹网成形器）。

　　通过FEX纸机试验还可以发现，对于纸浆喷射速度的波动，双网成形板成形器比双网成形辊成形器更敏感。在一台成形板成形器中，最初使用双网成形辊成形器的流浆箱使用中，可能会形成严重的成形损伤，如图5-1-21所示。

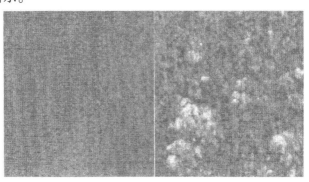

图5-1-21　未漂白硫酸盐浆在FEX纸机上的双网成形

　　在使用FEX成形板成形器生产优质纸张的成形过程中，美国贝诺公司设计的层流式流浆箱（很高的喷嘴收缩比）取代了德国克劳斯·玛菲·韦格曼公司（KMW）设计的流浆箱。因为喷管收缩比越高，喷嘴质量越好，这就说明，在双网成形板成形器中，对喷嘴的质量要求极高。洛伊特公司率先完成了压力脉冲的形状测量，他们将带有薄金属管的静压探针置于流浆箱中，并一直延伸到成形网之间的纸浆中进行测量（见图5-1-22）。Kerekes和Zhao等人，对沿着扁平成形板的一维压力情况进行了实验评估和数学建模。

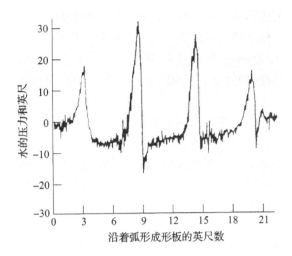

图 5 - 1 - 22　贝尔艾尔成形器中 4 个连续成形板的压力脉冲

如图 5 - 1 - 23 所示的是沿着三角形成形板测绘出的压力脉冲形状图。从图 5 - 1 - 23 可以清楚地看到，在成形板顶角发生局部变化之前，成形板中间的偏斜形成的压力脉冲已经达到最大值，流体力学可以解释这一点。中间流有液体的双成形网在运动时，成形板会受到其中一形网的挤压，由于成形板尖端的移动，就使这一成形网就会朝另一成形网弯曲，进而留下很少的空间供液体通过成形板尖端。液体自身也会在成形板尖端前形成一个局部压力，这个局部压力对外网有撑顶的作用，因此可以产生更多的空间供液体流过。当外网发生局部提升时，会产生某种弯曲形状，按照公式（5.1.4），局部弯曲成形网的半径 R 会在网间产生压力。

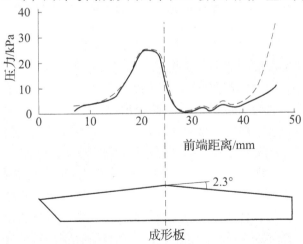

图 5 - 1 - 23　三角成形板的压力分布

对于成形辊成形器中的平面成形板，成形网曲度穿过成形板前边会使压力脉冲在成形板之前完全消失。这可以解释为什么在一台所有成形板都安装在成形网一侧的成形板成形器中，双网可以过得同样的脱水量。Zahrai通过双网间的倾斜度，将成形板压力脉冲情况的理论分析扩展到了二维情况。

需要注意，当成形板在形网上形成水层时［公式（5.1.3）］，也会产生压力脉冲，这会迫使水回流形网。

和更均匀的脱水压力下的成形辊成形器对比，具有脉冲脱水压力的成形板成形器更易形成高品质的纸页成形，然而细小纤维和填料的留着性却很低。不能通过控制浆网间的速度差的变化，将纤维的定向各向异性程度在成形板成形器与成形辊成形器中保持一致，这是因为成形板压力脉冲还会对纤维的定向各向异性具有其他的影响。若托板成形板设计成带有平行槽的弧面结构，那么成形板边缘上的形网弯曲会产生压力脉冲（如图5-1-24所示）。

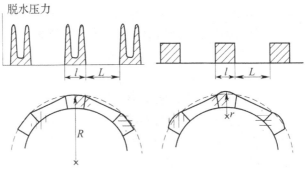

图5-1-24　半径 R（虚线）和成形靴长度 $I = L/2$ 的
槽式叶轮板（$r = R/3$）

为避免局部成形网弯曲，需要减小刀尖半径与相对刀长的比例 $l/(l+L)$。实践中，若形网弯曲度很小，通常使用扁平刀尖。为避免过大的局部成形网弯曲，减轻过度的成形网磨损消耗，刀尖通常设计成多边形结构，这样可以将总弯曲度分成许多较小且独立的弯曲度。这里需要注意，由于动态效应，成形板之前会出现上游压力脉冲。

为提高内部的脱水作用，一般用到真空托板成形板，由公式（5.1.4），真空作用会使纸幅和内网变形，并产生一定的曲率半径。某些观点认为在此同时，外网也会产生同样的变形，并在成形板末端产生增强的压力脉冲。然而这是不符合实际的，因为压降会使湿纸幅完全地附着在成形网上，外网上的压降非常微弱，所以外网会在独立的成形板之间沿着直线运动，而不会产生变形。

3. 混合成形技术

20 世纪 70 年代时，双网成形器之前的初始长网成形器，是作为新型纸机的可选设备出现的，如维美德公司的叠式双网成形器以及一些不同的福伊特设计的成形器。在 20 世纪 80 年代，这种混合式成形技术应用于生产印刷纸长网纸机的重新设计中，如加拿大造纸设计研究院的动态成形器，之后由福伊特、维美德/美卓等公司提出了一些类似的设计方案。

前面对比长网纸机与双网纸机浆网间的速度差时，是存在根本差别的，双网纸机纸幅的两侧脱水条件是不同于混合成形的。为了在低纤维定向各向异性程度下生成湿纸幅，当纸幅底侧成形时，浆网速度应该与初始长网纸机网部速度一致。然而，这还说明了纸浆流速要等于双网夹缝入口处的网速，根据公式（5.1.8）得到的计算结果是，双网间的纸浆流速降低，并且要低于网速。在脱水过程中的定向剪切作用下，纸幅上侧的纤维各向异性在某种程度上会降低。因此，在混合成形器中，不可能同时对纸幅两侧的纤维各向异性条件都进行优化。

在 20 世纪 80 年代，主要的纸机制造商制造了大量的改造重制的印刷纸生产纸机，这些纸机所采用的类似的技术和原理如图 5 - 1 - 25 所示，有时还包括了成形板成形技术。Black Clawson 设备公司设计的顶部喷浆成形器中的成形板安装，与 VF 型立式夹网成形器相似（如图 5 - 1 - 18 所示）。

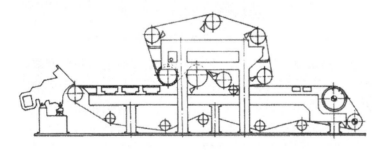

图 5 - 1 - 25　加拿大造纸设计研究院研制的动态成形器

4. 成形辊 - 成形板成形技术

美国的贝诺公司设计的贝尔艾尔 Ⅲ 型双网成形器（如图 5 - 1 - 26），原始的成形板脉冲后面使用了靴型脱水和成形辊脱水。维美德/美卓造纸机械公司的设计理念则是相反的，设计中使用了原始的成形辊脱水，后面装有靴式成形板（如图 5 - 1 - 27）。

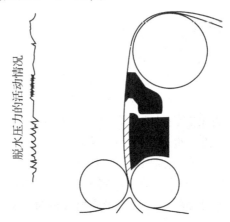

图 5 - 1 - 26　贝诺公司的贝尔艾尔Ⅲ型双网成形器

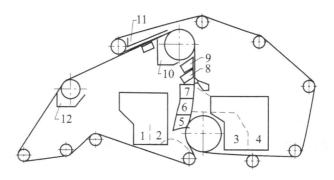

1~12 指示的是白水收集位置

图 5 - 1 - 27　维美德公司设计的双曲网快速成形器 HS

瑞典制浆造纸研究所的 FEX 纸机中，在成形辊后安装有靴式成形设备（由维美德/美卓造纸机械公司生产），在当时，这种设计被认为是最佳设计方案，因为在早先的 FEX 试验中发现，对流浆箱纸浆中的缺陷，原始成形板脱水比原始成形辊脱水要敏感的多（如图 5 - 1 - 21）。

在高定量纸板成形技术中，当双网成形辊间的纸浆流速很低时，很难避免纸浆流动的不稳定性。在 20 世纪 80 年代初，Dorries 公司提出了一种新式的双网纸板成形方法，该方法是将顶网安装在长网上面，并在长网下面安装成形板，这样可以通过独立调控，对成形网产生向上的压力作用，如图 5 - 1 - 28 所示。这是首次采用的双网排列设计，这种设计可以即时地控制沿着成形区的脱水压力振幅。相关专利报道中，对脱水作用中的脉冲特性还没有清楚地认识。在所有的脱水部分里，自由成形网是直线型的，这表示没有产生任何的脱水压力。实际上，形网是沿 Z 字形移动的，相似情况如图 5 - 1 - 20 所示。福伊特公司随后对 Dorries 公司的设计进行了改进，研发了层 Duo 式夹网成形器（如图 5 - 1 - 29）。

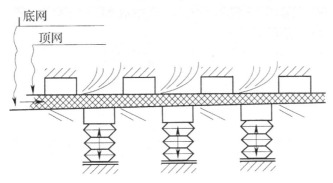

图 5 - 1 - 28　Dorries 双网纸板的层间脱水，底部装有可装载式成形板

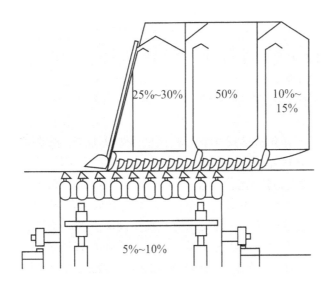

图 5 - 1 - 29　福伊特带有可独立调节成形板的 Duo 式夹网成形器的成形部分

福伊特公司在安装说明书中建议，安装在高处的首个成形板的安装位置应与长网水平面保持一致。然而，根据图 5 - 1 - 20 中得出的弯曲机理，顶部首个成形板下面的形网会发生弯曲。这就表示，随着进入双网夹缝中的纤维悬浮液数量的增加，顶部成形板产生的压力脉冲强度也会随之增强，这可能会限制 Duo 式夹网成形器的脱水容积。将首个成形板的安装水平高度提高几厘米，就可以避免脱水容积的限制作用。Duo 式夹网成形器的工作原理也被 Ahlstrom 公司的 MB（多成形板）成形器采用，该成形器后来被维美德/美卓公司收购，成为维美德 MB 成形器。

另外，利用恒压脱水作用于成形辊，后面带有可调式的压力脉冲，这种技术于 1991 年应用于 FEX 纸机，最终形成 STFI 成形器。瑞典制浆造纸研究所设计的示意图如图 5 - 1 - 30 所示。

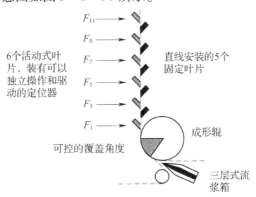

图 5 - 1 - 30　成形器：压力脉冲可调的连续成形辊压力下的初始脱水

围绕成形辊中心的流浆箱和外网引辊是可动的，并且在运行过程中的安装位置是可以重置的，从而可以调节成形辊的覆盖角。下游安装有成形辊和偏转成形板，右侧（成形辊一侧）的 5 个成形板固定安装在沿着成形辊的垂直切线上。对于左侧，则安装有 6 个带有方位指示器的可动式（可装载）成形板，并且具有独立的可调式负载驱动力 F。这种安装设计，在纸幅形成过程中的所有阶段，都可以保持均匀脱水作用，这就可以在恒定压力和脉冲压力之间来优化脱水速度分布，并调节各独立压力脉冲的振幅。STFI 成形器的设计初衷是提高多层印刷纸成形的可能性，但在这之后，人们很快就认识到，这种技术应该应用到所有的印刷纸生产中。

和完全成形辊的脱水情况相反，STFI 成形器可以用较小的形网成形辊覆盖角（最小角度为 25°）。在这种情况下，避免过大的形网沉积是非常重要的，这是因为，在纸浆进入成形板区并形成纸幅之前，需要保持未脱水的状态。

在成形辊脱水过程中，将可装载式的成形板装靠在成形辊外侧的形网上，这种设计是合理的。因为当形网间流过成形辊的纸浆悬浮液发生变化时，这种设计可以使可装载式成形板自我调节位置（与外网成形辊一样）。

与 STFI 相似的设计首次出现在福伊特造纸机械设备公司。图 5 - 1 - 31 是一台 20 世纪 90 年代初期的福伊特 CFD 成形器，但它的可装载式成形辊被安装在了成形辊一侧，就像 Dorries 和 Duo 式立网成形器的设计原理一样，这就意味着形网位置在两侧是固定的，从而会产生很高的压力脉冲（对比图 5 - 1 - 20）。安装在不同运行条件下的成形板，成形板位置，尤其是外侧首个成形板的位置应该是可以即时调节的，然而在这种成形器中并没有做到。

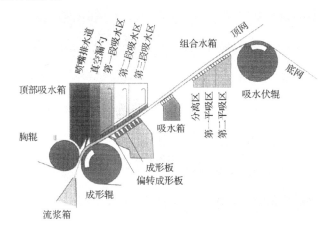

图 5 - 1 - 31　福伊特夹网成形器 CFD 成形辊 - 成形板成形单元

维美德首台具有可装载式成形板的成形辊 - 成形板成形器是 MB 型快速成形器，它成形板也是安装在成形辊一侧。20 世纪 90 年代，维美德的 Optiformer 成形器取代了 MB 型快速成形器，这台成形器中的成形板安装在成形辊外网上，如图 5 - 1 - 32 所示。随后福伊特对 Dro 式 CFD 立网成形器进行了改进，改进后的成形器是 TQv 成形器，它的成形板区是垂直的，可装载成形板仍然安装在成形辊一侧，但成形板靴型板前边缘是可即时调节的。在这之后，根据 TQv 成形器的设计，对双网成形辊成形器进行重新设计，成形辊 - 成形板成形器，如图 5 - 1 - 33 所示。在这种设计中，可装载式成形板抵靠在外网上。

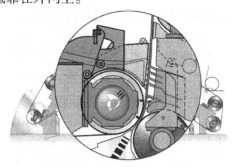

图 5 - 1 - 32　维美德/美卓 Optiformer 成形器

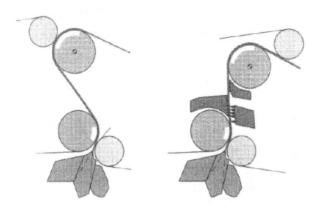

图 5 - 1 - 33　福伊特 TQb 成形器

5.1.6　多层成形技术

多层成形技术用于纸板成形主要有个方面的原因：①脱水抗性随着定量以指数倍增大，单纸幅的高定量纸板产品的成形过程中存在大量实际问题。②不同纤维材料的经济使用，需要在纸板厚度方向上的不同纤维的选择性定位。在很长的一段时间里，多层纸板成形中，每层具有独立的成形单元。多层纸的生产是一种同步成形过程，使用一台多层流浆箱来提供多层纸浆，并使用双网成形器脱水。这种成形技术可以使用多种原料，并且不需要安装昂贵的多脱水单元。当使用独立成形单元时，同步成形有时被称为"多层成形"。

1. 独立成形技术

传统纸板成形器是网槽成形器，浆槽中含有形网覆盖的旋转中空成形辊，部分成形辊浸入纸浆。成形辊顶部抵靠在毛毡上，下面所有的独立多层浆槽横向排列。为了改善纸机速度，将浆槽尺寸降低，并最终设计成流浆箱，流浆箱下唇板是转动成形辊的表面。光泽纸成形器和 BRD 圆网成形器都具有这种设计，主要的区别在于成形辊圆形形状的偏差，这些偏差会在流浆箱和定量中产生周期性的变化（成形辊转动频率）。

叠网成形器是最早的双网纸板成形装置，出现在 20 世纪 50 年代，之后发展成贝诺公司的夹网成形器（如图 5 - 1 - 34），安装在长网纸机上生产多层纸。福伊特 Duo 式夹网双网成形器使用的是同样的基础装配，但可以独立控制成形器的脱水压力脉冲。这种设计也用在了后来的维美德/美卓公司的 MB 型叠式双网成形器中，以及贝诺公司的安装有反式成形板的夹网成形器中。在所有的双网成形设计中，每个流浆箱形成的纸层与底层已生成的纸幅相接触，但是在相反的方向上进行脱水。另一种设计是长网设计，在长网底部首先形成纸幅外层，在长网顶部安装有多个长网纸机装置（运行方向与底网相反）用于纸幅中层以及次外层的成形，所有的纸层在底网叠合在一起形成纸幅。

后来也出现了现代双网成形辊成形板—成形器，各纸层分别成形并在底网上叠合。图 5 - 1 - 35 是这种成形器的一种（福伊特 Duo 式夹网成形器），这种成形器生产的多层纸板依据的就是这种原理。

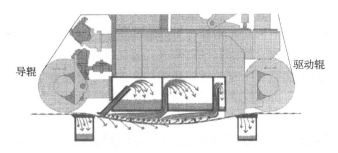

图 5 - 1 - 34　美国贝诺公司研制的贝尔邦德纸板成形单元

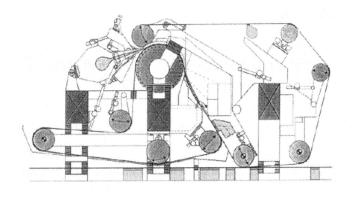

图 5 - 1 - 35　福伊特双重成形器的顶部纸板成形单元

有一种类似 Duo 式夹网成形器底部的成形装置用来形成纸板底层，维美德/美卓公司也生产了类似相应的装置。在预先成形的纸幅上生成独立纸板层，通常会限制脱水容量，如图 5 - 1 - 34 所示。这通常是由脱水装置的错误安装引起的，根据图 5 - 1 - 20 所阐明的原理，这会导致过多的压力脉冲。也可能是因为流浆箱喷嘴不太好所致。美卓公司推出的一种全新设计的 Valformer 成形器，可以提高原来的脱水容量，如图 5 - 1 - 36

所示。

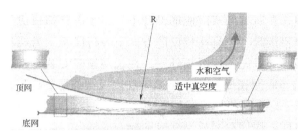

图 5 - 1 - 36　纸板层脱水的瓦尔成形器单元

这种设计是在 MB 型叠式双网成形器的基础上发展而来的，该设计中的顶网前端装有曲面真空托板。纸板的关键性能是独立板层之间的层间结合强度，这也是成形层间互相叠合时面临的主要问题。层间叠合时的纸幅干燥性被认为是关键参数，但目前普遍认为层间界面处的细小纤维含量是起决定性作用的参数。所有的纸幅形网一侧的细小纤维含量通常都很低。

在"非形网"纸幅的两侧的叠合过程中通常是不存在层间结合问题的，而成形网一侧与"非形网"一侧的叠合会出现问题。在层间叠合之前，向纸层表面喷洒淀粉水溶液或含有细小纤维的白水来提高层间结合强度。

2. 同步成形技术

在 20 世纪 80 年代，使用了双层和三层流浆箱来生产纸巾纸。在不同的纸层中，单个流浆箱输送不同的浆料，这种设计可以更好地优化烘缸中的起皱以及最后产品的柔软性。

高级耐破纸的衬垫用的纤维是回收纤维，纸厂生产高级耐破纸使用的是双层流浆箱。在纸幅表层和底层使用不同的纸浆原料，可以提高纸张适印性。

生产多层印刷纸的时候，多层结构具有巨大的原料回收和改善质量的潜力，使不同的原材料应用于表层和芯层成为可能，或者将给定的浆料，如机械浆分开使用，在厚度方向上在不同的位置使用不同的浆料组分。同样的，也可以在纸幅的表层或芯层中使用不同种类和数量的填料。为了获得原料和填料在 z 轴方向上的分布作用，可以在纸幅的表层或芯层中使用不同种类和数量的助留剂。

为了生产三层印刷纸的纸机，进行了大量的研究工作，其中的问题仍然是流浆箱设计问题，需要流浆箱纸浆分层流动时具有良好的层间分离，以及平滑的纸浆表面。在这个问题上出现的解决方案是，将传统流浆箱喷嘴中的分离式叶片替换成 Aq 式叶片。不同纸浆层间的用水是独立使用的，这就可以在不同地点添加化学品和助剂了。

5.2　气流成形技术

气流成网是多种干法成网技术中最为灵活的方法，尽管其他干法成网技术也利用空气作为纤维传输介质，但只有气流成网技术可有效利用纸浆短纤维。此外，气流或形还可优化使用各种原料，以应对原料成本的不断提高。

5.2.1　纸料组成

1.　纤维原料

现代气流成网系统的特色之一是适于不同的给料，它可以使用包括原生木浆纤维、聚酯纤维、玻璃纤维、回用纤维、尼龙纤维、聚丙烯纤维、矿棉、人造丝及其他各种纤维在内的各种天然纤维和合成纤维。

2.　主要黏合剂

虽然做了很多尝试，以期在不加黏合剂的情况下获得可接受的纤维网络强度，但在加固由干纤维构制的气流成网结构时，黏合剂仍起着关键的作用。在气流成网技术中，必须利用合成黏合剂来达到要求的纤维间结合，这是不可避免且是其成本较高的因素之一。为此，在使用黏合剂时必须仔细权衡，以最大限度地降低黏合剂的用量，同时获得最大的纤维网结构强度。

在各种非织造布的生产过程中，包含 3 种基本类型的黏合：化学黏合、机械黏合（缠结）和热黏合。纸浆非织造物采用化学黏合和热黏合。热黏合的发展很快，预计将来还会持续增长。由于高温会引起木材组分的变色，选择热塑性黏合剂时，熔融温度是要着重考虑的限制因素。因此，低温熔融的黏合剂得到了广泛应用。典型的低温熔融黏合剂为：

①胶乳型聚合物，如乙烯－醋酸乙烯酯（EVA）（如果要产生交联作用，需要在 121℃~170℃ 的温度下熟化 2~10s）。②聚丙烯纤维（通过热与施压使热塑性聚丙烯纤维起到黏合作用）。③马来酸酐改性聚丙烯（maleated polypropylene，MAPP）（提高木浆与聚丙烯纤维之间的偶联，从而提高抗弯和抗张强度）。④聚酯。⑤酚醛树脂（加入量占绝干浆的

11%，熟化温度为170℃）；⑥尼龙。⑦维尼纶（聚乙烯醇缩纤维的总称）。

虽然其他热黏合剂的应用正变得越来越普遍，但是应用最广泛的化学黏合剂是胶乳。含有胶乳的产品通常由70%～85%的木浆和15%～30%的胶乳黏合剂（以固形物计）组成。

3. 其他助剂

气流成形中还含有其他助剂，如消光剂、紫外和高温稳定剂、阻燃剂和颜料等。对于干注成形的产品，抗静电和良好的摩擦性质也很重要。为此，在整饰过程中加入了各种特殊的助剂。

5.2.2 气流成形的工艺流程

1. 现代气流成网的工艺流程

通常而言，现代气流成网工艺中均包括热黏合（TBAL）和化学/黏合剂黏合（BBAL），如果两种黏合方法同时使用，就会获得一种多黏合气流成网产品（MBAL），图5－2－1中所示的由M&J费博泰克（M&J Fibretech）公司开发的生产线就是一个典型的例子。纸浆可利用染料或热塑性黏合剂进行处理，纸浆进入纤维分离机时，可加入高岭土、碳酸钙、滑石粉、二氧化钛和其他填料或热塑性纤维一起与纤维素纤维混合。纸浆经干疏解之后，90%～95%的纸浆完全疏解成单根纤维，并与填料一起悬浮在空气中送到成形头，剩下的纤维团从成形头再循环回到纤维分离机。

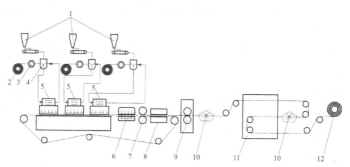

1－热塑性纤维/填料；2－纸浆；3－纤维分离机；4－混合物；
5－成形头；6－活化；7－校正；8－冷却；9－轧花；
10－黏合剂喷涂舱；11－干燥；12－卷取

图5－2－1　现代气流成网工艺流程（M&J Fibretech）

绒毛浆经成网之后，就会形成无定向的纤维网，纤维网从网上剥离之前先轻轻压实，剥离之后再经热轧（花）。如果终端产品要求像纸和纸板一样表面平滑，则需要进行热压光。按照设备所设计生产的终端产品类型不同，黏合和干燥系统差别很大。对于卫生纸和无尘纸产品，单面和双面定量大于 25g/m² 时采用喷胶。经轧花后，将产品输送到黏合剂喷涂舱，经单面喷胶后，产品转移到热风穿透干燥器（TAD）并在另一面喷胶，在同一干燥器中穿过两次达到完全干燥，喷在纤维网表面的胶既可以是淀粉黏合剂、合成胶乳，也可以是两者结合皮用。

2. Kroyer 与 St. Anne 法

虽然现代气流成网系统要通过黏合剂固化纤维网，但是仍有人尝试在气流成网系统中利用木浆纤维自身的结合能力使纤维网获得一定的强度。如在英国的 St. Anne 纸板厂，Attwood 等人与 Kroyer 公司合作的一个主要研究项目就是以气流成网系统为基础，开发一种干法或半干法生产折叠纸板的技术。作为这一项目的研究成果，安装了一台生产率为 1.6 风干 t/h（Adt/h）的全尺寸样机，样机净宽 1.8 m，最高车速可达 80m/min。图 5 - 2 - 2 是这一样机的示意图。该样机由纤维疏解机（锤式粉碎机）和来自 Kroyer 公司的成形设备和特别设计的固化设备组成。多个气流成形头可以生产多层结构的纤维网。气流成形后的纤维网经一组压辊预压紧及助剂水溶液喷湿后，通过由一个大的热缸和围绕热缸的数个压辊组成的多组热压榨进一步压实，产生部分的氢键结合。

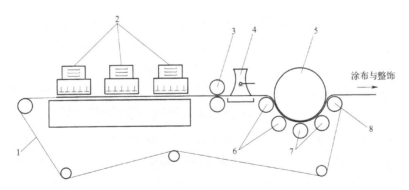

1—成形网；2—成形头；3—校正；4—喷淋/再湿舱；
5—烘缸；6、7—第一和第二热压辊；8—整饰压榨辊

图 5 - 2 - 2　Kroyer/St. Anne 成网技术局部示意图

5.2.3 气流成形系统

气流成形系统主要有两种类型:"吸落"式和"气喷"式。"吸落"式系统是一个负压系统,给料通过在成形网下施加的抽吸作用移落到网上。而"气喷"式是一个正压系统,纸料靠加压空气流传送到成形网上。在 Kroyer、Dan – Web、Honshu 和 VNIIB 系统中均采用"吸落"式成形方式,而在 Rando、Kendall 和 Reba 系统中采用的则是"气喷"式原理。世界上的大多数工业装置采用的是 Kroyer 和 Dan – Web 的设计。成形系统的核心部分是成形头,多数系统的成形头都是根据筛分原理及直接铺叠技术设计的,后者为气流成网技术的开创者所研发。

1. 根据筛分原理设计的系统

(1) kroyer 设计 (现为 M&J Fibretch)

如图 5 – 2 – 3 所示,该设备是将经松散开的纤维和颗粒材料分布与沉积到无端成形网 6 上,形成纤维网。设备中,外壳 1 具有多孔底板 5,底板上方安装着水平桨状转子,转子沿成形网的横幅方向排列成一组,沿纵向则分布有多组桨状转子。来自纤维疏解机(锤式粉碎机)的悬浮纤维通

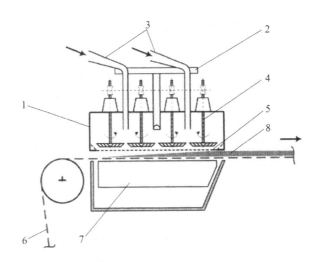

1—外壳;2—回风管道;3—物料进口分布器;4—桨状转子;
5—平筛(多孔底板);6—成形网;7—真空室;8—成形的纤维网

图 5 – 2 – 3 Kroyer 成形头的工作原理

过一个圆锥形的扩散器3借助于气流喂料，并在桨状转子的搅动下使物料分散与分布均匀。在成形网的下方有真空室7，协助纤维通过多孔底板朝成形网6移动，并最终"吸落"到成形网上。桨状转子的作用除使纤维分布均匀之外，还可对纤维起到筛分作用，并将未完全疏解开的纤维团（约占10%）分离出来，通过再循环继续分散。

（2）Dan - Web 设计

这一款成形器也称转鼓式成形器，与由 Anpap Oy 开发设计的成形头具有类似的结构。图5-2-4为转鼓成形器的示意图。该类成形系统的关键部件是两个表面开孔的相向旋转的转鼓2，两个转鼓沿成形网6横向安装在成形网之上，外面罩有一个方形截面的外罩1。转鼓沿轴向连接到一个固定的管道上，形成一个循环回路。转鼓内沿成形网横向装有打散辊3，外罩沿成形网横向利用密封辊4密封，顺着成形网的方向利用侧板密封。

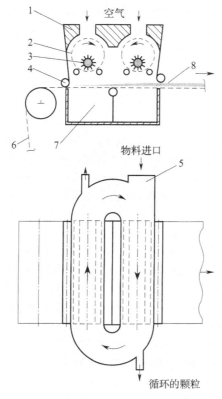

1—外罩；2—转鼓；3—打散辊；4—密封辊；5—物料进口管道；
6—成形网；7—真空室；8—成形的纤维网

图5-2-4　转鼓成形器

绒毛浆经纤维疏解机（锤式粉碎机）疏解后，纤维穿过疏解机的筛板，悬浮于气流中，通过管道被送入旋转的转鼓。进入转鼓的纤维－空气流经打散辊的作用，将纤维团破坏并促使纤维通过转鼓的多孔面板。来自真空室的气流则将纤维吸落到成形网上。单一纤维或混合纤维的进料部分与固定管道、网笼连接形成一个环形回路通道，以确保纤维在系统内循环，使纤维完全分散。转鼓式成形系统可使未完全疏解的纤维团在形成纤维网之前从成形头分离出来，再回到疏解机。

（3）Honshu 设计

如图 5－2－5 所示，这一装置有一个圆筒形的多孔筛鼓 2，沿成形网 1 的横向布置，筛鼓内沿其轴向装有一个带有碎解刀片的转轮 3，筛鼓外是圆筒形的外壳 4，筛鼓下面的纤维出口直接与成形网相接，外壳与筛鼓、下面的纤维出口和成形网一起组成一个环形的分散室。在分散室的上部设有一个风门 6 用于调节空气与纤维的体积比。安装在成形网下面的真空室 7 产生抽吸作用，产生的气流经处理后再循环回到纸浆－空气回路中。

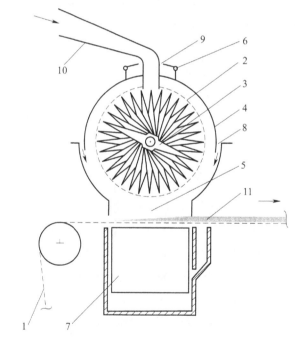

1—成形网；2—筛鼓；3—带刀片转轮；4—外壳；5—纤维出口；
6—风门；7—真空室；8—透风缝；9—进风口；
10—物料进口的分布器；11—形成的纤维网

图 5－2－5　Honshu 纤维成网装置

　　把经碎纸机部分解离的浆块风送到纤维疏解机/成网器，疏解、分散。纤维原料在高速转子的机械作用下分散成单根纤维，分散好的纤维可以通过筛鼓的筛板，未通过筛板的浆团或纤维絮块则随着气流循环，直到其完全分散成单根纤维为止。透风口 8 用于连续提供所需的空气。从透风口进入的空气流经筛板的外表面，将纤维带入成形器中移动的成形网上。这一设计减少了分散室中纤维的离心絮聚现象，从而避免了所形成的纤维网匀度的恶化。设计的进风口 9 用于稀释纤维 – 空气流和控制纤维的絮聚。Honshu 成网装置与其他筛分成形装置在设计上的主要区别是 Honshu 成形器既提供了纤维疏解也提供了纤维的分散，而其他成形器只提供了纤维的分散。由于其额外的疏解能力，Honshu 成形器生产的终端产品中很少有浆团。

2. 直接铺叠设计的系统（VNllB）

　　如图 5 – 2 – 6 所示是直接铺叠式成形头。喂料辊 3 将绒毛浆 2 送到纤维疏解钉鼓 5，将浆分散成单个纤维和微小的纤维絮块，疏解后的原料再送到空气动力管道 13 的工作区 8 内的气流中。纤维团通过粗筛 15 从纤维 – 空气流中利用离心作用除去。湍动作用促使纤维原料在长扩散器 9 中均匀地分散成纤维 – 空气悬浮体系。扩散器 9，12 为工作区 8 提供了最大的空气流速，经过工作区之后，在接近成形网 11 时空气流速下降了 1/5 ~ 1/6 倍。成形网下面的真空室 14 为成形网提供抽吸作用。直接铺叠式成形头的设计不需要利用多孔筛来分散移向成形网的纤维 – 空气流，使成形头结构更为简单、便于维修，但也使最后形成的纤维网中含有较多的浆团。

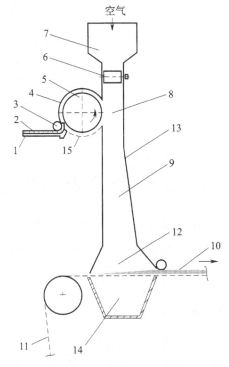

1—喂料台；2—绒毛浆；3—喂料辊；4—外壳；5—齿鼓；
6—挡板；7—打乱器；8—工作区；9—长扩散器；
10—形成的纤维网；11—成形网；12—短扩散器；
13—空气动力导流管；14—真空室；15—粗筛

图 5 – 2 – 6　VNIIB 直接铺叠成形头

第6章 废纸制浆可持续发展的技术

现代造纸工业以木材为制浆原料最佳，每年造纸产业所用木材占据世界木材总用量的27%，具体消耗的数值高达（7~8）×$10^8 m^3$，换算为林地大约有几千万公顷。随着现代工业发展的愈来愈快，各种自然资源以一种极其惊人的速度被消耗，世界各国开始重视资源的再利用。废纸作为最直接的二次纤维，受到了各个工业国的重点开发，特别是我国。众所周知，我国是一个森林资源严重缺乏的国家，在造纸原料上，多以进口资源为主。因此，以废纸制浆为主要造纸原材料，就成为我国造纸产业开发的重点。废纸制浆的使用不仅可以缓解我国木材资源缺乏的状况，减少进口量，降低生产成本，而且可以对使用草浆造成的严重环境污染进行极大地改善，使生产更加清洁化。废纸资源的合理利用对我国造纸产业的发展具有重要意义。

6.1　废纸制浆可推广的经济可行技术

随着全球森林资源的匮乏，用来造纸的植物原料的价格在不断上调，因此我国在废纸资源的利用比例上也会不断增加（目前使用率已经达到60%）。想要达到废纸的利用更加高效和其所创造的价值更大的目的，需要加紧对废纸可持续发展的工程技术的研发，用以缓解造纸工业所面临的经济、环保和社会压力。

6.1.1　废纸原料鉴别

1. 可脱墨性

并不是所有废纸拿来都可以直接使用，有些废纸二次利用时在脱墨的过程中会产生返黄现象，工厂难以处理。下面举例说明哪些废纸不适宜回收再利用。

（1）机械浆含量多。这类废纸多以机械浆的形式存在，含有较多微细组分，且纤维中还含有较多的木质素，使得这类废纸在碱性环境下进行脱墨操作时极易返黄，很难得到高漂白度；并且浮选时因为疏水性会损失较多纤维，减少纤维得率。

（2）灰分含量高。这类废纸因为灰分含量较高，在进行基本操作处理不能完全去除灰分，既会降低纤维的得率，在浮选时产生较多气泡，还会影响成纸的白皙度，磨损热分散设备的磨片。

（3）含有湿强剂。湿强剂会加大成纸的强度，这类废纸难以进行脱墨处理，增加废纸破解制浆的难度，只得采取特殊的碎解工艺。

（4）含有施胶剂。在碱性环境下，施胶剂中的树脂酸会发生皂化反应，提高发泡量，且施胶剂本身就会增加泡沫的稳定性，使发泡量过大，减少纤维得率。

其他类型的废纸，如存在黏结料的废纸等，在使用时也会受到一些限制，这些废纸的使用都要根据具体的废纸类型选择合适的制浆工艺。

2. 纤维原料组成

不同的废纸类型具有不同的成分组成，其具有的纤维类型也就有所区别。下面以美废的几种分类做纤细阐述。

美废6#。来源是旧杂志和旧报纸1:3的形式组成，其主要纤维包括针叶木磨木浆、化学机械浆和漂白化学浆，当中还含有、和高岭土，具有较好的可脱墨性。

美废8#。纤维中包括10% ~ 15%的长纤维，其主要成分是化学机械浆和针叶木磨木浆，还含有滑石粉和少量的 $CaCO_3$ 及 TiO_2。纤维所占的比重较大，具有较好的可脱墨性。搭配一些质量较高的废纸，可以生产高档的文化用纸。

美废11#。其纤维中含有一定量的纸箱黏合剂，使得废纸所具有的纤维质量不高，且在进行脱墨处理时会因为胶黏物障碍而造成操作困难。因此一般只用于生产无须脱墨的瓦楞纸和一些低档的箱纸板。

美废10#。纤维中含有60%左右的长纤维，存在于化学浆中，而化学浆的含量只占到40% ~50%。虽然纤维质量较好，但是所占比重少，且废纸中含有的黏合剂、涂布试剂、填料、颜料使得10#在脱墨时比较困难。在使用上可以和8#废纸混合。

美废37#。主要由阔叶木漂白化学浆所构成，阔叶木化学浆约占70%左右，长纤维化学浆约占30%左右，含有 $CaCO_3$ 和 TiO_2，纸张白度高。但油墨较8#、10#难脱除，也作为配合使用。

3．印刷方式与油墨特性

不同类型的废纸，由于印刷方式的不同，油墨占总固体物质量的比率有一定差异，新闻纸的油墨质量比约为1.5%，书刊纸约为5%，非接触印刷（激光打印、喷墨印刷、静电复印等）纸可多达6%。油墨所占比例越大，脱墨的难度自然增大。在实际操作时，应根据所选用的废纸印刷类型确定具体操作条件。就目前市面上常见的印刷方式而言，下面讨论其中三种：凸版印刷、胶版印刷和非接触印刷。

（1）凸版印刷。碎解采取这种印刷方式的废纸时可以选择相对温和的操作环境。这是因为凸版印刷所使用的油墨具有较高的流动性，使得油墨本身所具有的内聚力较差，连接料可以在纸层间渗透，使废纸所使用的颜料在纸张表面残留，同时也会更容易碎解为小粒子。

（2）胶版印刷。采用这类印刷方式的废纸在碎解或浮选时可以通过延长碎浆时间或增大气泡粒径来进行实际操作。这是因为胶版印刷所使用的油墨黏度大，很难在纸层间渗透，并且在纸面的纤维上会覆盖一层由颜料和连接料形成的完整的油墨膜，使其处理时碎裂成大片的油墨粒子。

（3）非接触印刷。这种印刷方式使用的是颜料和热熔型胶黏剂组成的墨粉，胶黏剂通过热熔的作用在纸面纤维上作薄膜状黏结，而颜料也在这层薄膜上附着，因此，处理这类废纸时，难以通过普通碎浆方式剥离油墨。

此外，印刷所采用的油墨也会在很大程度上影响碎浆和浮选工艺的选择。纤维结合力的大小与树脂含量的高低可以说呈现正比关系，即树脂含量越高，对应纤维结合力越大，在处理废纸时，可脱墨性就越低。并且，若废纸浆中残留有树脂存在，则会增加浆中的胶黏物含量。

6.1.2　废纸备料阶段

1．废纸存储

工厂购入的废纸会因为水分含量超标出现霉变的情况，因此不能长时间储存，要尽快用于生产。事实上，剥离废纸上油墨难易程度会受到废纸储存条件的影响，同时也会影响废纸浆纤维的质量，使废纸出现泛黄现象。造纸厂可以根据以下技术参数选择合适的条件贮存废纸。

（1）储存时间

纸张被印刷出来使用，成为废纸再被回收利用，这一过程所经历的时间多少无法控制，短到可能只有几个星期，长到几个月到几年不等。不同的废纸所经历的流通时间有所差别，在碎浆时剥离油墨的难易程度也就会不同，因而便无法兼顾混用下废纸浆的脱墨效果。以废报纸为例，存期为 1~4 个月时，采用常规弱碱性方法脱墨，脱墨浆白度由 54.0% ISO ~ 56.0% ISO 降为 50.0% ISO ~ 55.0% ISO。贮存期达到 8~12 个月时，脱墨效果明显降低，脱墨浆白度降至 49.0% ISO ~ 52.30% ISO。可以看出，废纸保存的时间越长，其表面的油墨老化程度越严重，纸张越容易出现返黄现象。在碎浆时，需要添加更多的双氧水来减弱纸张返黄现象。与此同时，要将碎浆的温度和时间都做一定的调整来取得较好的脱墨效果。

（2）储存温度

油墨中的油脂会因为高温（湿度较高时现象更明显）沉淀在纸层纤维内，且会加速纸层表面油墨的老化，给废纸碎浆的工作带来极大的困难。废纸周围环境温度升高，废纸的可脱墨性大大降低，脱墨后的废纸浆的尘埃度剧烈增加。为了得到良好的脱墨效果，使碎浆工作变得简单好操作，应该根据实际操作环境确定具体的处理条件。其中因为季节等自然环境因素造成的温度过高或低，比如，夏天温度太高，应该考虑降低碎浆温度和时间，防止油墨粒子碎裂得过小；而冬天进行废纸碎浆处理时，其操作条件应与夏天正刚好相反。

（3）日光照射强度

日光照射会加速纤维的返黄和油墨的老化，进而严重影响脱墨浆的白度和尘埃度。采用植物油印刷的废纸需注意，在日光照射和高温作用下，植物油由于比矿物油更容易形成交联结构，使油墨块更"硬"，碎浆时更容易保持较大碎片。

（4）储存湿度

纸张在湿度较高的情况下，容易发潮霉变，在纸层纤维上留下去不掉的污点。例如南方多雨，大部分的时间里都是潮湿的，曾经出现过露天堆放的废纸在短时间内湿了又干，干了又湿的情况，造成大量原料在脱墨后依旧达不到可观的白皙度，使得利用价值大幅度减少。现在大型废纸制浆厂主要采用室内存储，但也需要注意监控废纸霉变情况，尤其是南方，以便将要霉变的废纸先使用。

2. 废纸分拣

废纸分拣有两种方式，人力手工分拣和机械自动分拣。

手工分拣可以清理出绝大部分的杂质，如铁丝、木块、塑料袋、绳子、小石块等等，还可以将不同类型的废纸精准分类。手工分拣可以达到最好的分类效果，且可以有效地保护制浆设备。但是手工分拣需要大量的劳动力，人工成本较高，并且废纸原料中会带有一定的微生物、真菌或其他有害物质，采用手工分拣，很可能会造成一些疾病的传播。自动分拣则可以有效地避免这种情况的发生。并且，自动分拣还可以节约大量人力，减少人工成本的投入。但是，由于目前对自动分拣的技术开发还不够完善，只能辨识出部分杂质，不能有效分拣废纸，尤其是废纸情况较为复杂时，通常达不到满意的效果。在下文，会针对废纸的自动分拣展开叙述。

所以，从经济成本和实际效果两方面来看，手工分拣和自动分拣相结合是当下最实用的废纸分拣手段。

3. 废纸制浆工艺流程简述

废纸制浆的工艺流程以操作过程中是否脱墨为界限来划分，不脱墨浆的工艺流程较为简便，因此本书不做叙述。按照脱墨方法的不同可以采用洗涤法或浮选法来处理脱墨浆，现代造纸生产工艺基本很少单独使用其中一种方法，多是洗涤/浮选相结合的方式。如图6-1-1，是浮选法脱墨浆生产工艺示意图。不同的废纸制浆厂应该根据自己工厂所收购的废纸原料种类，生产产品类型，企业的运行状况等，具体实际地选择最合适的生产设备和工艺流程。

图6-1-1　浮选法脱墨浆生产工艺流程图

6.1.3　废纸碎浆工段

1. 碎浆工段的关键技术

回收来的废纸在二次利用造纸之前，必须要经历的一个步骤是碎浆。即利用机械作用（机械力、摩擦力、剪切力）碎解经过湿润的废纸，使其分散形成浆料，并且剥离纸浆纤维中的油墨，去除纸浆中含有的部分大颗粒杂质，包括不好碎解的长条片状的纤维性物质。在实际操作时，有几点技术问题需要注意。

（1）尽量保护纤维，使其不受损伤。经过压榨和干燥后的纸张纤维会变得硬挺，出现角质化的现象，若这时受到比较强的机械应力，那么纸张纤维在碎解时就会折断成许多的细小纤维，后期难以滤水抄造，且成纸强度降低。

（2）防止杂质同废纸一起被碎解，无法排除。没有被去除的杂质在碎浆时彼此之间会产生摩擦，并且相互碰撞。若此时受到机械应力的作用，杂质会碎解变成小杂质跟随浆料一起进入之后的工艺段。

（3）防油墨粒子碎解后发生再沉积现象。很多资料表明这种再沉积是不可逆的，因此需要在尽可能短的时间内完成碎浆操作，并尽可能减少浆料的存储时间。

2. 常用碎浆机的碎浆技术

目前国内最常使用的碎浆设备分为两类：立式水力碎浆机和转鼓式碎浆机，而立式水力碎浆机从浆料浓度上又分为低浓式（浆料浓度小于6%）和高浓式（浆料浓度在15%～19%之间）。值得一提的是，立式高浓水力碎浆机是目前碎浆设备中较为节能的一款，可以进行大范围推广，而转鼓式碎浆机更适合用在大型废纸制浆厂。

（1）立式水力碎浆机的碎浆机术

立式碎浆机的作用原理是浆料在碎浆机底部刀片的带动下，获得能量开始运动，形成速度差，在转子的机械作用下，以及由浆料之间的摩擦力和浆料之间速度差形成的剪切力下，废纸先被撕碎，进而被逐渐分散成小纸片，最终分散成单根纤维形成浆料。与低浓式相比，当处理一样量的绝干物料时，高浓工艺流程带动的物料总体积相对要少，废纸之间因为做润滑作用的水层减少而发生更多的接触，其相互的摩擦力也随之增大，并且高浓式在能耗上也远低于低浓式。可以看出，高浓式碎浆机的碎浆效果要优于低浓式，如图 6 - 1 - 2 所示。

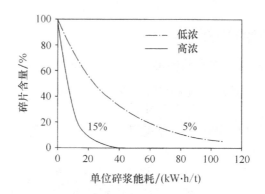

图 6 - 1 - 2　低浓与高浓碎浆机能耗与碎解情况

（2）转鼓式碎浆机的碎浆技术

和立式碎浆机相比，转鼓式的处理过程更加温和。其原理是废纸在转鼓内壁上通过转鼓转动被刮板抬高至一定高度然后下落，并且与内壁碰撞，如此反复，碎浆机产生的剪切力和纤维之间摩擦力随之增强，废纸被分散为纸浆纤维，而杂质不会一起被碎解。可以看出，与立式碎浆机相比，转鼓式碎浆机对纸浆纤维的保护作用更强，处理浆料的浓度越高。但是，转鼓式碎浆机的温和作用也有弊端，若要在转鼓式碎浆机中将废纸分散成单根纤维，则通常需要 10～20min，而连续立式水力碎浆机议案只需要 7～8min 即可。碎浆时间越长，已经碎解的油墨小粒子越容易被纤维重新吸附，而在这个二次吸附过程中，有些部分是不可逆的。因此，为了兼顾实用性和碎解效果的双重作用下，需要尽可能地缩短转鼓式的废纸碎浆时间。

6.1.4　废纸脱墨技术

1. 中性/弱碱性绿色脱墨的关键技术

最早使用的脱墨技术是在碱性条件下完成的。在碱性环境下进行脱墨操作，为了尽量不产生返黄现象，需要使用双氧水、硅酸钠和螯合剂处理废纸浆，但是这些化学药品会增加排污废水中的 COD，从而提高处理污水的成本。并且，胶黏物容易在碱性条件下碎解成细微胶黏物，带来更难处理的废纸浆抄纸问题。

为了解决碱性脱墨条件带来种种危害，1967 年，弱碱性脱墨开始被研发。直到 1992 年 7 月，瑞士的 Zwingen 第一个通过中性脱墨系统使用普通废纸来生产印刷纸，中性/弱碱性绿色脱墨技术才开始走进大众的视野。2000 年之后，中性/弱碱性绿色脱墨技术迅速在世界范围内展开应用。中性/弱碱性绿色脱墨技术能够很好地降低碱性脱墨的弊端，并且可以利用现有的碱性脱墨设备实现，操作上需要的改变小，代替方便，推广容易。在使用中性/弱碱性绿色脱墨技术时需要注意一下关键问题。

（1）这种中性脱墨环境在处理苯胺油墨废纸时，会体现出非常优异的效果，将油墨粒子以较大粒径被剥离纤维表面。但是因为脱墨环境变成中性或近中性（氢氧化钠被减少使用或不再使用），所以纤维的润胀会受到一定影响，其程度会随之下降，使得油墨难以剥离纤维表面，尤其是油性油墨。这时可以通过添加一定量的亚硫酸钠和表面活性剂来提高油墨剥离效果。

（2）为了使转鼓式碎浆机在中性/弱碱性环境下处理水性油墨废纸和油性油墨废纸时都可以取得较好的脱墨效果，应将碎浆时的浆料浓度适当降低。

（3）中性/弱碱性环境下的碎浆处理时间可以适当增加，但不宜过长，否则很容易发生不可逆转的油墨粒子沉淀现象。

2. 水性油墨脱墨的关键技术

目前市面上还有一种油墨常夹杂在油性油墨废纸中一起碎浆，即柔性版印刷采用的水性油墨。与油性油墨不同，水性油墨的水溶性很好，碎浆后以亲水性小颗粒（微米级甚至纳米级）均匀地分散于水中，普通的浮选方法很难将其除去，这也是为什么作为环保型油墨的水性油墨很难在一些废纸浆造纸厂推广的原因。另外，由于从外观上很难准确地将水性油墨废纸和油性油墨废纸分辨出来，因此，两者经常混杂在一起碎浆，这会使一般的浮选操作变得困难，并且大量的油墨仍留在废纸浆中，有些甚至会吸附在设备上。

若想要使水性油墨可以在印刷行业和废纸制浆行业扩大适用范围，必须要解决的一个重要问题是水性油墨粒子在纸浆纤维表面的再沉积。因为水性油墨的特性，其废纸碎浆后，残留在纸浆中的油墨小粒子很容易再次沉积到纸浆纤维的表面上。其中，碎浆因素（碎浆时间、碎浆浓度等）对水性油墨粒子沉积的影响最为显著，即碎浆的时间越长，浆料浓度越高，则油墨小粒子的沉淀量就越高，造成纸浆的白皙度明显下降。值得注意的是，这种再沉积是不可逆的，废纸浆的可利用性会被大大减少。

为了更好地去除浆料中残留的油墨小粒子，研究集中在了以下方面。

（1）洗涤法。可以通过洗涤纸浆的方法。洗涤法能有效得去除混在浆料中的水性油墨小粒子，还能同时去除绝大部分的微细胶黏物，并且经过洗涤的浆料能够达到很高的白度。但是洗涤法用水量过大，导致生产成本过高，目前只能用作脱墨的补充方法。

（2）添加阳离子无机电解质。水性油墨粒子粒径小，分散在水中表现出带有阴离子的胶体性质，这时加入阳离子无机电解质，可以将油墨粒子都聚集起来，使其形成一个更大的整体，从而减少沉积的可能。研究表明，在模拟体系中加入无机钙离子和铝离子均可有效抑制油墨粒子的沉积，无机钙离子效果更佳。

6.1.5　废纸浮选阶段问题分析

废纸被再次利用纸浆造纸，需要经过碎浆、脱墨、浮选等基本流程。而在浮选阶段，已将被分散为单根纤维的浆料会造成纤维损失，从5%到15%不等，损失的纤维只能和脱墨污泥混在一起，无法分离。浮选造成的纤维损失是在多个因素下综合作用的结果，包括浮选时气泡的大小、气泡数量、表面活性剂的种类、表面活性剂的用量及浆料中纤维的组成等。

1. 气泡的影响

浮选时气泡在上升的过程中会将纤维带出从而造成纤维浮选损失。亲水性纤维能够被气泡捕集而造成损失的解释有几种。一种认为，这些被带出的纤维表面有可能因为黏附了油墨中的一些输水性物质而被气泡捕集；一种认为，气泡体积过小，上升过程中会被纤维网络阻挡而停留，当小气泡足够多的时候，产生足够大的浮力，纤维就容易被浮出。实际操作中有时也会发生第二种原因叙述的情况，尤其是当表面活性剂添加量过大或浆料浓度过大时这种情况会加重。

但是仅靠气泡间的浮力是不足以造成10%的纤维损失的，因此第三种解释就显得更加合乎情理了。这种解释认为，气泡与纤维之间会发生夹带现象造成纤维损失。即，当两个或多个气泡之间产生水膜，浆料纤维会被这层水膜夹带向上，无法落回水中，造成大量纤维流失。事实上，在实际废纸浆浮选在操作时，若添加的表面活性剂量过大或浮选产生的气泡体积足够大时，可以清晰直观地看到纤维停留在气泡表面的现象。

若根据第三种解释的机理，想要挽回纤维被夹带造成的损失，只要使泡沫层存留有足够的水，那么纤维就有可能顺应流回水中。这也是为什么废纸制浆工厂经常向泡沫层上方增设喷淋水，既减少了泡沫，又可以留住纤维，一举两得。但是要注意，流水同时也有可能带回一些油墨粒子。

2. 钙离子的影响

纸浆悬浮液中含有的钙离子也是纤维损失的一个重要原因，这是因为钙离子的存在会使得纤维带有一定的疏水性，降低了纤维和气泡之间的负电势能量，增加浮选时纤维的流失。Moe，S. T. 和 Roring. A 的研究结果认为，只用皂作表面活性剂时，水硬度对预浮选得率和游离油墨脱除率有一定的关系。

3. 纸浆种类和纤维组成的影响

不同类型的纸浆也对浆料纤维的损失有着一定的影响。相比较化学浆，机械浆更容易在浮选时流失纤维，其原因认为疏水性残余木质素和树脂的存在使得纤维远离水分子。同时关于浆料浓度对浮选时纤维损失的影响，Pelton 等人做过一些实验，结果表明，浮选时进浆浓度越高，进入泡沫中细小纤维就越多，小气泡比大气泡更突出，TMP—GWP 混合浆比 BKP 单一浆更突出。

研究者通过实验还发现，不同浆料的纤维组成不同，导致其损失的因素也会有所差别。例如就浮选浆浓、浮选时间和浮选温度来说，这三种因素对化学苇浆的影响作用较小，而对废报纸浆料有非常明显的纤维流失作用。但是可以知道的是，不论哪一种浆料，表面活性剂添加得越多，其浆料纤维损失的越多。

研究学者们还做过一个实验—表面活性剂和脱墨浆纤维的吸附试验。研究者采用废纸制浆，经过碎浆、脱墨、浮选、洗涤、热分散、筛选等种种工序，然后利用紫外光谱法测量表面活性剂的含量，实验结果表明，表面活性剂不能被完全去除，尚残留部分吸附在纤维表面，使得纤维带有一定的疏水性，造成浮选时流失。

6.1.6　热分散系统

1. 热分散系统简介

在废纸制浆的过程中，很多情况下必须除去存在于废纸浆中具有热熔性的物质，比如胶黏物，因此热分散系统在废纸制浆工艺中就显得尤为重要。作为一种较为成熟的处理浆料的技术手段，热分散系统目前已在以废纸为原料的造纸厂中被广泛应用。如图6-1-3，就是典型的热分散系统。

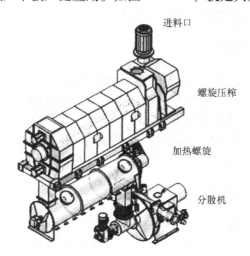

图6-1-3 热分散系统示例

从上图中可以看出，热分散系统主要包括进料螺旋、螺旋预热器（包括螺旋压榨和加热螺旋）、热分散机等。热分散系统的主要操作过程如下：浆料在经过净化、筛选之后，其浓度减小至30%～35%，进入热分散系统，即通过进料螺旋到达螺旋预热器，利用饱和蒸汽加热浆料，等浆料温度达到90℃～120℃，进入最主要的热分散机。废纸浆料中的高浓度纤维在热分散机转子上齿片的带动下，彼此之间产生剧烈的摩擦，这种摩擦力使得纤维上附着的热熔性胶黏物以微小颗粒的形式被剥离。热分散系统极大地降低了在生产过程中对浆料、设备、和纸张质量造成的危害。

2. 热分散系统功能解析

热分散系统作为当下处理废纸浆料中胶黏物的重要手段，有着许多出色的功能。

（1）与浮选法和洗涤法相结合，可以去除纤维上残留的油墨。

（2）粉碎造成纸张斑点的较大的色团，改善视觉体验。

（3）经热分散处理过的浆料，可以很大程度上解决因胶黏物过多在纸浆成形网或压榨辊上附着累积的问题，这是因为热分散系统可以改变胶黏物的表面性质，在浮选时很容易将胶黏物从纸浆纤维剥离，进而去除，或直接粉碎胶黏物。

（4）废纸存留的蜡颗粒（涂布或施胶造成的），通过热分散系统可以将其粉碎，分散在纸浆中。

（5）热分散的高温蒸汽可以在一定程度上提高纤维的水化润胀，并且具有轻微的打浆功能，适当改善成纸的强度。

（6）可以很好地与漂白试剂混合。

（7）减轻生物污染。

理论上，热分散系统常见的形式大体可以分为两种：两段式处理或单独搭配浓缩设备使用。在两段式处理中，又可以分为两段都使用盘式热分散机，或者其中一段使用揉搓机，要注意的是，因为搭配不同，所以最后纸浆纤维呈现的性质也会有所不同（表6-1-1）。虽然单独的热分散系统所用的设备成本较高，能耗也较大，但是我国的大部分造纸厂依旧多使用的单段热分散机进行纸浆操作。

表6-1-1　揉搓机和热分散盘式热分散对纤维影响比较

浆料性质		盘式分散	揉搓机
游离度（CSF）	加热	中等减少	无影响
	不加热	大幅减少	无影响
强度	加热	中等增加	无影响
	不加热	大幅增加	无影响
墨点减少		效果好，传统油墨甚佳	效果好，无接触式油墨或墨粉甚佳
微细胶黏物减少		效果好	无影响，保留大胶黏物的可筛除性

热分散机的转子旋转速度很快，主要集中在1200～1800r/min，其旋转范围可以扩大到1000～3000r/min。高转速使得废纸浆料在热分散机中的停留速度不超过1s，并且当浆料浓度很高时，纸浆纤维会很快在热分散机的磨腔中产生大量的热量，使腔内温度高于100℃，纤维内部温度在140℃。为了保证热分散机的正常工作，必须采用对其采用密封工作，即使蒸汽加热浆料后再利用螺旋将其送入分散机内。但是需要注意的是，这种操作会使得整个系统的能耗更多，并且尚未证明热分散是否会对纤维在高温下产生伤害。

3. 热分散关键技术参数与应用

在热分散系统的运用上，虽说技术方面已经很成熟了，但是不可避免地还是存在热分散机磨片结垢和磨损的问题。尽管如此，热分散的稳定运行对浆料白度、纤维质量、纸机抄造依旧有很重要的影响作用。

热分散系统的使用不是固定统一的，应该根据具体的浆料组成选择最适宜的工艺流程。例如，处理热敏性黏合剂较多的原料时，应该注意操作温度的控制；而处理非热敏性黏合剂较多的原料时，要保证分散系统能够成功地将其分散成微米级别的颗粒。值得一提的是，若热分散系统想要呈现出优异的效果时，应该确保所处理的浆料达到理论上理想工作的浆料浓度，一般以高浓最佳，即可以考虑在前部洗涤和浓缩过程中进一步增加浆料的浓度。

根据现有的各个工厂采用热分散系统所遇到的问题和实际操作经验，可以总结出在使用热分散系统工作时需要满足的几点要求，具体内容如下。

（1）最佳浆料浓度

一般的热分散机在纸浆浓度为28%～30%时就可以表现出正常工作的状态。当浆料浓度越高时，纤维之间所产生的摩擦力就越大，由于摩擦生热，逐渐增加的热量使得胶黏物被软化，分散在纸浆中，减少了胶黏物（包括大胶黏物和细小胶黏物）在浆料中的存在。但是，一旦浆料浓度高于30%，胶黏物的减少幅度会渐渐趋于平缓，再继续增加进料浓度，会使得纤维受到更大的损伤，并且增加多余的能量消耗，得不偿失。

还有一点需要注意，在纸浆中分散的微细胶黏物应该在一定的尺寸内，彼此之间不能相差太大，使得分布范围太宽。根据有些工厂经验，当微细胶黏物的微粒分布在 $0.02\sim0.04~\text{mm}^2$ 范围内的比率超过60%以上，分散效果较好。

（2）纸浆温度

为了更有效地去除浆料中的胶黏物，在将纸浆送入热分散机之前需要先利用高温蒸汽对浆料进行加热，使其中的胶黏充分软化。这不仅可以使胶黏物在纸浆中更好地分散，还可以有效地减少磨损磨片。当浆料温度越高时，其包含的细小胶黏物就越多，这表明大胶黏物已经被分散开来。要使浆料中的胶黏物充分扩散，应将热分散所处理的浆料温度控制在90℃以。这是因为构成胶黏物主要成分的来源物质如涂布黏合剂、印刷油墨黏合剂、热熔胶、压敏胶等，软化温度均在85℃以上。

（3）合理设置齿盘间隙

适宜的齿盘间隙会提高热分散机对胶黏物的分散效果。当齿盘间隙缩小时，其磨片的摩擦作用增大，对胶黏物的分散效果也更好，大胶黏物和细小胶黏物都被分解为更小的微细胶黏物和胶体性胶黏物。但如果齿盘间隙过小，则被分散的太小的胶黏物和油墨粒子会影响后期的浮选，同时还会增加多余的能耗。因此热分散机的齿盘间隙以控制在 0.3 ~ 0.4mm 最合适。

热分散之后，要重视和充分发挥后期浮选对胶黏物和油墨粒子的去除作用，尤其是对胶黏物的。浮选过程对胶黏物的去除效果与其微粒尺寸直接相关。在浮选脱墨时，大量的胶黏物会和尺寸相差不多油墨粒子一起被去除。因此，脱墨过程的控制，应该基于尽可能多地除去油墨，同时也尽可能多地从系统中去除黏性物质。由于在后期浮选中，大胶黏物很难被气泡捕集和浮出，因此进入后期浮选前，大胶黏物和细小胶黏物的含量应尽可能地少一些。微细胶黏物由于疏水性、微粒尺寸等性质均适合浮选去除，因此后期浮选之前应尽量将大胶黏物和细小胶黏物变成微细胶黏物，然后通过浮选去除，一些情况下微细胶黏物的去除率可以达到70%或更高。有学者也表明，在一定的条件下，后期浮选也可以去除浆料中的胶体类胶黏物，但不同的研究条件下结果相差很大，可能与浆料中溶解的胶体物质含量、脱墨剂种类等有关。

需要注意的是，虽然热分散技术能够为后期浮选创造良好的条件，但在高温和揉搓作用下，浆料中的部分溶解物质和一些类胶体物质也可能在这一过程中从纤维上转移到水中。有数据表明，热分散后浆中的溶解性物质会增加，且在胶黏物含量占很大一部分，因此这部分溶解性物质如何去除成为一个难点。若不及时除去，会保留在白水中，并不停积累，最终造成胶黏物沉积问题。可以通过絮凝等方式将其粒径增大，在后期浮选中去除，或者将其吸附在填料上，留在纸中随纸带走等方法处理。

6.1.7 废纸漂白技术

废纸浆的漂白是个重要工序，根据纸浆中是否含有机械浆来决定漂白时是否保留浆料中的木质素。例如，废报纸、纸箱纸中含有较多的机械浆，在进行漂白时，应该保留其纸浆中的木质素；相反，对于不含机械浆的混合办公纸、高级书写纸等应该完全去除其浆料中的木质素。还有一种漂白被称为脱色漂白，顾名思义，是为了将浆料中的色素去除。脱色漂白是针对彩色印刷和染色纸的染料所采取的技术措施，可以不单独进行，在脱色较困难时，也可以单独进行处理，往往单独加一段还原性终漂。

常用的漂白剂也按照是否保留木质素来划分，保留木质素的漂白剂主要包括过氧化氢、连二亚硫酸钠、甲脒亚黄酸和硼氢化钠等，需要去除木质素的漂白剂有氯气、次氯酸盐、二氧化氯等。随着现代工业的发展，人们越来越呼吁清洁生产，因此氧系漂白剂得到了越来越多的关注，像氧气、臭氧、双氧水之类的。下面就这些常用的漂剂应用及研究进展作介绍。

1. 过氧化氢漂白的关键技术

（1）保持碱性环境

使用 H_2O_2 漂白时，通常加入一些 NaOH 使浆料处在碱性环境下，适当的 NaOH 用量可以提高 H_2O_2 的漂白程度，如图 6-1-4 所示。

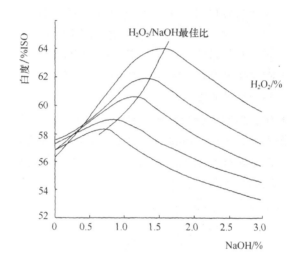

图6-1-4　氢氧化钠用量与过氧化氢漂白

从图中可以看出，NaOH 的用量不能过低，也不能过高，只有和 H_2O_2 的用量达到适宜的比值，才能取得最大的漂白度。值得注意的是，检验 H_2O_2 是否拥有最佳活性的指标是通过检验漂白终点时 H_2O_2 的残余量。如果 H_2O_2 的终点残余量小于刚加入时的 10%，则因为 NaOH 的用量过高造成的碱致返黄现象将会在漂白中占据优势。

（2）确定最佳适用范围

需要说明的是，浆料的漂白度和 H_2O_2 的用量不成正比关系，从上图可以看出，漂白的白度在达到最大增幅时，H_2O_2 的用量还不到 1.5%，用量再高，增幅会减小。因此 H_2O_2 的合理用量不应超过 2%。

（3）减少无效分解

众所周知，H_2O_2 可以在常温下自发进行氧化还原反应，分解为水和氧气，对于废纸浆漂白来说，这种分解是无效的。而在纸浆中含有的很多成分都可以加快 H_2O_2 的这种无效分解速率，比如其中含有的金属离子铁、铜、锰等，尤其是废纸浆中含有的过氧化物酶。过氧化物酶可以说对促进 H_2O_2 的分解作用是铁的 10^{10} 倍，因此要采取一些必要的手段去除或抑制这些不利于 H_2O_2 发挥正常漂白作用的物质。

在实际操作时，通常选择加入螯合剂（包括有 EDTA 和 DTPA）或硅酸钠来抑制金属离子对 H_2O_2 的无效分解；并且在碎浆阶段或热分散时才加入 H_2O_2，以保证 H_2O_2 不会受到过氧化物酶强烈的催化作用。

2. 甲脒亚磺酸漂白的关键技术

甲脒亚磺酸（FAS）也称二氧化硫脲，白色粉末状，1L 水中仅能溶解 27g，且在水溶液中会迅速分解，因此在碱性环境下使用该漂白剂时，要求必须在极短的时间内完成该操作。并且，甲脒亚磺酸在可以在碱性环境里对偶氮染料造成不可逆转的破坏，同时还原醌型结构，因此甲脒亚磺酸即使处理未漂硫酸盐浆也可以使其白度提高 10% ISO。

影响甲脒亚磺酸漂白最关键的因素是反应温度，同时也是控制漂白结果最有效的手段，如图 6-1-5 所示。

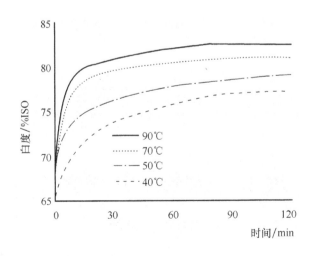

图 6-1-5　温度对甲脒亚磺酸的影响

图 6-1-5 所演示的实验所设定的漂白条件是 0.4% 甲脒亚磺酸浓度，0.2% NaOH，4.0% 浆料，浆料中不包含槭浆 DIP。从图 6-1-5 中可以看出，当温度较低时，可以通过延长漂白时间来弥补低温造成的白度损失，但是漂白时间超过 30min 时，几乎每个温度下浆料的白度都以缓慢平稳的速度增长，就最后结果而言，漂白时间对甲脒亚磺酸的影响不大。而分析漂白温度，当浆料温度从 40℃ 提高到 90℃，甲脒亚磺酸对浆料的漂白效果几乎增加了一倍。例如，在 80℃ 下，只用 0.2% 甲脒亚磺酸就可以达到 50℃ 下 3 倍甲脒亚磺酸用量才可以达到的白度。

因此，在使用甲脒亚磺酸漂白时，要找到最适宜的温度来进行操作，并不是说温度越高越好。漂白系统中存在一个热分散的过程，在这个工段，空气含量少、浆料浓度高，反应时间不会太长，并且搅拌作用可以保证纤维和药品迅速而紧密地接触。有实验证明，甲脒亚磺酸作用在热分散段，可以在较短时间内迅速完成漂白工序，并且不需要除了分散机以外的其他任何设备，两者的结合具有令人满意的效果。

图 6-1-6 充分展示了中低浓度下，脱墨废纸浆（DIP）的典型甲脒亚磺酸后效漂白系统。浓缩后的浆料在高剪切混合器中与药品及蒸汽混合，然后进入升流塔。将甲脒亚磺酸漂白与现有的热分散结合图 6-1-6（B）所示，浓缩后的浆在通蒸汽的螺旋内与漂液混合，经分散机或捏合机后，浆料被稀释送入漂白塔、池或管，在塔内进行低温漂白。

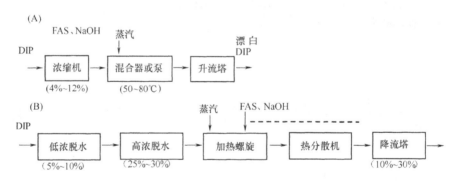

图 6-1-6 低浓至中浓 DIP 的 FAS 后效漂白系统

3. 脱墨废纸浆常用的其他的漂白剂

废纸浆的漂白还可以采用其他一些漂白剂，大致可以分为氧化性和还原性两种，具有的性质见表 6-1-2 和表 6-1-3。

表 6 - 1 - 2 脱墨废纸浆漂白常用氧化性漂白剂的性质

		次氯酸盐 ClO⁻	过氧化氢 H_2O_2	氧气 O_2	臭氧 O_3
概要		价廉，氧化能力强；易损伤纤维，反应条件应温和；不适合用于机械浆，会降低白度。	保留木质素漂白，对纤维损伤小；适于含机械浆纤维的纸浆漂白。	需高温高压下反应，加入过氧化氢可强化漂白作用。	氧化能力强，对纤维损伤较大，脱色能力强。
分子量		74.5	34	32	48
电子数		2	2	4	2
氧化电位		0.89	1.78（酸性） 0.88（碱性）	1.23	2.07
漂白条件	加入量/%	0.5~2	0.5~2.0	2.0	0.1~1.0
	pH	10~11	10~11.5	11（终点）	3
	浆浓度/%	3~12	10~30	10~12	10~30
	温度/℃	常温~45	50~90	90~110	常温~50
	时间/h	0.5~1.5	1~4	1	0.1

表 6 - 1 - 3 脱墨废纸浆漂白常用还原性漂白剂的性质

		连二亚硫酸钠 $Na_2S_2O_4$	硼氢化钠 $NaBH_4$	甲脒亚磺酸 （NH_2）$NHCSO_2H$
概要		是常用的还原性漂白剂，已被空气中氧气氧化而降低漂白效率	是还原能力很强的漂白剂，反应时间短	是还原性漂白剂，对空气中氧气铰为稳定，脱色能力较强
分子量		174	37.8	108.1
电子数		4	4	4
氧化电位		-0.08V（酸性），-1.12V（碱性）		-1.04
漂白条件	加入量/%	0.5~1.5	0.1~0.2	0.1~1.0
	pH	5~6	8~10	8.5~10.5
	浆浓度/%	0.5~2	10~12	3~25
	温度/℃	50~70	49~71	50~70
	时间/h		0.75~1.5	0.5~2

6.1.8　废纸纤维性能的衰变及预防和处理

废纸回收再利用是节约资源的有效手段之一，但是纸质纤维是不能被无限重复利用的。纸浆在第一次被抄造成纸时，就会改变原有的物理性质，再被回收利用时，纸浆纤维的强度不够，容易折断，吸水润胀变得困难，碎浆时会流失很多细小纤维，很难再次被抄纸，并且成纸强度相较原纸也会有所降低。以上种种纤维的物理性质的变化，称之为角质化。

有研究证明，导致角质化的关键原因是纤维的吸水润胀变得困难。废纸回用次数越多，产生的角质化程度越大，纤维性能下降越严重，如何让避免或处理纤维的角质化应该是废纸制浆造纸必须要解决的问题。

1. 纤维性能衰变的表征

纤维的保水值（即水化润胀性能）是控制废纸碎浆时的可脱墨性和抄造成纸强度的一个关键因素。保水值指的是散布在纤维和纤维之间，或在纤维自身内部，通过氢键、毛细管力或化学力结合到纤维上的水。可以利用干燥前后浆料保水值的差值和干燥前浆料的保水值之比来计算纤维的角质化。即回收利用的次数越多，其纤维的保水值就越低，那么纤维的角质化程度也就越高。

纤维在回收利用的过程中，除了保水值变化外，还有纤维长度和粗度上的变化、纤维纹孔的闭合、纤维结晶度变化等。此外纤维组成结构也可能会发生变化，这些纤维的基本形态、组成成分和角质化一起，成为纤维回收利用时性能衰变原因，影响到纤维最终成纸质量。

2. 纤维角质化的理论

废纸在回收利用的过程中，经过干燥、压榨使得纤维内部孔隙发生不可逆转地闭合，导致在碎浆的过程中，废纸纤维的水化润胀能力大大降低，纤维变得易碎，整体的交织力也弱，造成最后成纸的强度相较之前不高。具体分析废纸纤维角质化的原因，有三个方面的理由较为有说服力。

（1）氢键机理

氢键存在纤维与纤维之间，或纤维与水之间。但是纤维要想和水形成氢键，就必须借助外力先打破纤维之间的氢键。在碎浆的过程中，纤维细胞壁发生分丝帚化，干燥和压缩使得纤维之间的氢键增多，彼此之间的接触面积增大，并且这时所形成的氢键很容易在回收利用时把被打开，属于可逆的氢键。而导致细胞壁孔隙塌陷闭合的氢键是不可逆的，并且会对纤维角质化造成严重影响。这种不可逆的氢键会使得细胞壁之间大部分的孔隙闭合，造成纤维难以润胀水化。

（2）交联机理

细胞壁孔隙表面上所存在的羧基和羟基结合成脂基，形成共价键。这些共价键无法只依靠水的作用被打开，因此也会在一定程度上封闭细胞壁之间的孔隙，使得纤维的水化润胀能力降低。

（3）共结晶机理

废纸碎浆时会去除原纤维细胞壁中的纤维素和半纤维素，因此在干燥和压榨过程中，组成细胞壁的原细纤维分子链会自发靠近，结合生成大量的氢键，继而形成面积明显大于原生纤维的结晶区。这种结晶区的生成会导致纤维细胞壁之间的孔隙产生无法打开的闭合，且结晶区之间难以渗透水分子，这就在很大程度上影响纤维正常的水化润胀，降低成纸的各项物理性质。这是从纤维微细结构上来解释角质化发生原因。

3. 角质化的处理及预防的可行技术

上述导致纤维角质化的原因都没有直接证据支持，都存在一定的可质疑性，但是就目前可分析的机理而言，纤维角质化通常发生在压缩和烘干的过程中。虽然以现在的生产技术预纤维角质化的措施较少，但还是可以采取一定的手段来尽量减少纤维角质化。

（1）打浆

二次利用的纸浆纤维在产生共结晶之外尚存在很多无定形区，可以借助打浆操作使其分丝帚化，产生更多的羟基使纤维的吸水性更强。纤维角质化在造成的纤维强度损失可以通过打浆操作恢复一部分，同时还可以适当提高纸张的物理强度，在中高浓度打浆时会取得较好地防止纤维断裂的效果。但是需要注意，打浆不能破坏已经形成的共结晶区，也不能恢复已经闭合的孔隙，而且打浆会在一定程度上影响制浆的滤水性能。

（2）防止共结晶的形成

一种方法是向浆料中加入一些容易被纤维吸附的物质，可以很好地防止纤维的细胞壁形成共结晶。例如，向化学浆中添加高浓度低分子糖，糖分子吸附在纤维细胞壁的孔隙间，使得细纤维间不能聚结，以此抑制纤维角质化。还有一种方法是通过化学药品将高活性的羟基变成低活性的醚，使其不能形成氢键，从而减少共结晶的形成。但是这种方法不提倡，因为大量化学药品的使用会降低纤维亲水性，并且不符合现在清洁生产的造纸要求。

（3）碱处理

废纸制浆可以通过碱处理的方法破坏没有形成共结晶的氢键，使纤维可以进一步水化润胀。这是因为在碱性环境下，纤维的水化润胀功能可以得到一定程度的恢复。但是被碱处理的纸张进行二次回收利用时，再经过干燥和压榨会加剧纤维角质化的程度，不利于纤维的回收利用，并且现代造纸工业提倡的中性脱墨限制了碱处理方法的使用。

（4）利用半纤维素抑制角质化

聚葡萄糖醛酸－木糖（GAX）是阔叶木半纤维素的主要组分，占木材的35%。化学浆干燥前添加聚葡萄糖醛酸－木糖，使其吸附在纤维表面及细胞层中的孔隙之中，阻碍细胞壁孔隙表面原细纤维间的聚结，从而抑制纤维的角质化现象。研究表明，聚葡萄糖醛酸－木糖在纤维素和漂白硫酸盐浆纤维上吸附为不可逆吸附。它的吸附机理为：聚葡萄糖醛酸－木糖先在溶液中形成聚结体，聚结的聚葡萄糖醛酸－木糖再吸附在纤维表面。

影响聚葡萄糖醛酸－木糖吸附的因素有分子结构、温度、时间、pH、初始浓度以及溶液中抽出物与木质素的含量等。一般来说，低取代度的聚葡萄糖醛酸－木糖优先吸附，聚葡萄糖醛酸－木糖的侧链基数越少，吸附作用越强；高的抽出物和木质素含量有利于聚葡萄糖醛酸－木糖的吸附。与pH相比，温度和时间对聚葡萄糖醛酸－木糖的吸附量影响更显著，温度高，则聚葡萄糖醛酸－木糖的吸附量大。动态接触角分析表明，纤维吸附聚葡萄糖醛酸－木糖后，木糖以颗粒状吸附在纤维表面，纤维表面的前进角明显降低，纸页的水吸收能力得到改善，比表面积和湿态柔韧性显著增强，纸页的抗张强度也显著增加。通过碱性水溶液条件，2，3－环氧丙基－三甲基氯化铵对聚葡萄糖醛酸－木糖阳离子改性，聚葡萄糖醛酸－木糖在纤维表面的吸附速率和吸附量还会显著增加。

6.2　废纸制浆需发展的经济可行技术

废纸是重要的造纸资源，在今后的造纸行业中会有更加广泛地应用，因此推广经济可行的废纸造浆技术是非常有必要的。

6.2.1　废纸的自动分拣技术

废纸分拣是废纸制浆前很重要的一项工作，将不同类型的废纸分开，去除杂质，便于后续的碎浆工作。目前常用的自动分拣方法主要有机械方法、光学方法、超声波法和空气分拣等。在此本书只简单探讨前两种。

（1）机械方法。根据不同废纸的物理性质不同，像是废纸的形状、硬度、挺度、重量、磁性等，利用与其相对应的设备分开废纸和杂质。比如一般的文化用纸和纸板可以依据纸张挺度来进行区分。

（2）光学方法。根据废纸和杂质的颜色不同，或作用在光线下的不同，将废纸进行分类。例如，废纸中木质素含量的多少会对光线产生不同的作用，根据这个原理可以利用光学传感器分拣混合废纸中的新闻纸，并且会取得较好的效果。

废纸自动分拣技术缺乏是全世界废纸制浆造纸厂遇到的普遍问题。一项欧洲范围内发起名为 SORT IT（Recovered Paper SORTing with Innovative Technologies）的项目统计中表明，废纸的分拣工作已经成为各大废纸制浆厂除废纸供应链和价格外的第二大关注的内容。尽管废纸分拣的关注度很高，但受困于废纸分拣成本及有效技术的缺乏，这一难题仍然是各大造纸厂的困扰之一。

6.2.2　酶法脱墨技术

在造纸绿色技术的探索开发中，酶技术已然成为造纸工业中重要的一个研究方向。1991 年，韩国学者首次报道应用纤维素酶及木聚糖酶能有效脱除旧新闻纸（ONP）浆中的油墨后，酶法脱墨技术正式走进人们的视野中。这一新兴技术的革新，无疑是给绿色造纸行业带来了新的开发方向，许多科研小组和技术人员花费大量心血投入到酶法脱墨技术的研发中，并相继取得了丰富的研究成果。到目前为止，有部分酶法脱墨技术已经被成功运用在实际生产中，这极大地推动了酶法脱墨技术的工业化应用进程。

1. 酶法脱墨技术的优点

（1）与传统脱墨法相比，大大减少了化学药品的使用，如表6-2-1。并且在相同的条件下，把浆料的白度提高了1.0%~2.0%，降低了纸浆中的尘埃度和灰分含量。

表6-2-1 酶法脱墨与传统脱墨化学药品使用量比较

化学试剂用量/（kg/t 经储存的办公室废纸）	传统脱墨	酶法脱墨
酶	—	0.4
氢氧化钠	26.0	16.0
硅酸钠	10.0	0.0
过氧化氢	25.0	20.0
DTPA	2.0	2.0
表面活性剂	2.0	2.0
絮凝剂	3.0	3.0

（2）将脱墨的环境设置为中性或弱碱性，可以明显降低废纸浆中的溶出物，减少脱墨废水中的 BOD 和 COD，降低废水的处理负荷，促进清洁生产，如表6-2-2。

表6-2-2 酶法脱墨与传统脱墨水质比较

参数	COD/（kg/t 浆）	TSS（kg/t 浆）	色值（kg/t 浆）
相同化学药品下的酶法脱墨	39.8	20.1	7.71
少用化学药品下的酶法脱墨	36.8	20.2	8.57
单纯的化学法脱墨	40.7	19.9	10.50

（3）脱墨的过程中是适当解决胶黏物障碍的问题。

（4）纤维素酶可以酶解微细纤维，同时还可以对纤维起到一定的修饰的作用，保证了纤维长度，提升了纸浆的滤水性能。

（5）有效节约能量资源。

2. 推广酶法脱墨技术遇到的困难

（1）酶法脱墨时酶的使用方法和使用量不合适时，会使得制浆的得率下降，特别是纤维素酶和半纤维素酶的使用，若用量稍多，可能都会造成纤维素的降解。

（2）相较于传统脱墨法，使用酶法脱墨后浆料其溶解电荷和 Zeta 电位都稍低一些，尽管纸浆较为干净，但是会在一定程度上降低电荷助剂的作用。

（3）酶法脱墨的应用环境要求较为严格，大范围工业化推广会有一定的困难。

（4）酶法脱墨的成本较高，一般工厂无法接受。

3. 常用脱墨的酶的作用原理及使用技术

针对酶法脱墨的实际运用，下面介绍常用的几种脱墨酶的作用原理及使用技术。

（1）脂肪酶

脂肪酶可以将甘油三酯催化裂解为脂肪酸和甘油，对纸浆油墨中含有的油脂成分具有很高的去除作用。同时还可以充当酯键连接纸张表面施胶剂和涂料，适用于 AKD、松香胶等施胶剂和丁苯胶乳等涂料处理过的废纸。脂肪酶充当酯键脱墨的作用机理是：脂肪酶充当的酯键连接施胶剂，可以更好地增加纤维的亲水性，并减少细小纤维上黏附的酯类物质，减少浮选过程中细小纤维的损失。值得注意的是，这些酯键断裂后形成的醇或酸虽然在一定程度上可以增加浆料的亲水性，但是在浮选过程中留在浆中的可能性也会有所增加，是否会增加后期处理负担尚未可知。

有研究者用 Novozymes 公司生产的脂肪酶 Resinase A 2X（由 Aspergillus 提取）用于混合办公用纸的脱墨研究，在酶活为 100LU/g（LU 是在 30℃，pH7.0 的条件下，每分钟从三丁酸甘油酯中释放出 1μmol 丁酸所需的酶量），pH5~8，温度 50℃~70℃的条件下，脂肪酶的处理使脱墨废纸浆的强度在各方面都有所提高。这个实验说明了脂肪酶对纤维的损伤很小，原因是对于废报纸，脂肪酶不仅可脱除油墨，还可以脱除机械浆纤维中所含的树脂成分，这些都有利于改善纤维的亲水性和润胀性，有利于提高纤维间的结合力。对于混合办公用纸，油墨的脱除也同样获得这种效果。研究还表明，脂肪酶更适合于含植物油脂的油墨脱墨。此外脂肪酶脱墨浆的得率也高于化学脱墨浆。

（2）纤维素酶

纤维素酶是从微生物中提取出来的蛋白质，一般不会只单独存在一种，多以几种酶以不同的比例混合，因此纤维素酶多以复合酶的形式存在。复合酶可以是下列三种酶按不同比例混合形成的：①外切葡聚糖苷酶（exo-1,4-β-D-glucanase，EC 3.2.1.91），来自真菌的简称 CBH，来自细菌的简称 Cex。这种外切酶又称为 C1 酶；②内切葡聚糖苷酶（ehdo－1，4－β－D－glucanase，EC 3.2.1.4），来自真菌的简称 EG，来自细菌的简称 Cen，也称为 Cx 酶。③β—葡萄糖苷酶（β－1，4－glucanase，EC 3.2.1.21），简称 BG。复合酶中还往往含有木聚糖酶（xylanase），即半纤维素酶的重要成分。

纤维素酶脱墨的作用机理是：纤维素酶作用在纤维表面，与后期的洗涤法或浮选法相结合，先将油墨粒子从纤维表面剥离出来，然后再除去。那么，在混合后的复合纤维素酶中，哪种类型的酶起到主要作用呢？有研究者通过大量实验证明，β—葡萄糖苷酶若想要在复合酶中起到优异的脱墨效果，必须在内切酶发挥作用之后，即纤维素分子被内切酶分解为纤维二糖。由此可以得出结论，内切酶才是复合纤维素酶主要的有效成分，并且，将内切酶和外切酶搭配使用，会使得脱墨浆的白度明显提高。

对纤维素酶进行分类探索，可以将纤维素酶分为酸性、中性和碱性，这是依据使用时生产环境酸碱性的不同来划分的。由此可以看出，虽然三者的作用机理都如上文所言，是存在共性的，但是在处理废纸浆脱墨时在呈现的结果上会有明显差异。根据 Jeffries 等人的实验表明，在混合办公废纸脱墨上，中性纤维素酶比酸性纤维素酶的处理效果要更好。并且，现代造纸工业越来越注重环保，力求清洁生产，所以就目前工厂的实际脱墨系统而言，生产环境几乎都是碱性或弱碱性。

利用中性纤维素酶对非接触印刷废纸进行脱墨实验，脱墨工艺条件定为：酶用量 0.3%、碎解浆浓 10%、碎解时间 30min、搅拌速度 400r/min、温度 50℃，脱墨操作结束后所得纸浆的残余油墨面积为 0.066 mm^2/cm^2、残余油墨粒子个数为 108 个 cm^2、残余油墨粒子平均直径 19.31μm、白度 85.2% ISO、脱墨效率达到 93.1%。实验结果表明，该酶的使用不但能大大降低油墨的残留，也能提高纸浆的白度，并且脱墨浆得率较高。实现了脱墨、漂白的双重功能，是一种很有应用前景的废纸脱墨用酶。

（3）木质素降解酶

木质素降解酶的主要成分是漆酶，分布于微生物、菌类中，是一种铜蛋白质。漆酶对酚类物质的氧化作用较强，同时也可以氧化芳香族和脂肪族胺，漆酶对一些亲脂性物质又有一定的降解作用。在造纸脱墨应用中，主要利用漆酶来氧化降解呈现立体空间结构的大分子—木质素。在氧化的过程中通常搭配紫脲酸做辅助作用，充当传递电子的介体。

酶法脱墨中，漆酶也是一个很重要的应用领域。在探究漆酶在废纸浆脱墨中的实际处理效果，有研究者做了对照实验。结果表明：经漆酶处理过的浆料其纤维表面积有明显扩大，并且这种扩大趋势随着漆酶用量的增加而逐渐加大，只是扩大幅度较小。采用电镜观察纸浆纤维，发现漆酶处理使纤维表面分丝出细小纤维。通过实验论证，可以给出一种漆酶的最佳处理条件：漆酶用量 10MU/g、介体用量 0.15%、碎浆时间 30min、保温时间 15min、温度 55℃~60℃，在此条件下进行脱墨，所得脱墨浆白度与对照浆相比有所降低，但可漂性提高。漂白后浆白度达到 52.14% ISO，与对照浆相比提高 4.12% ISO。此时裂断长为 2116km，撕裂指数为 71.01m$N \cdot$ m^2/g，与对照浆相比分别提高了 20% 和 13%。

（4）复合酶

近些年，复合酶的应用市场越来越广泛，在油墨脱除率、纤维保护和提高滤水性等方面，已经超过了单一酶的脱墨处理效果。现举例说明。

①混合纤维素酶、木聚糖酶和脂肪酶。使用纤维素酶进行脱墨处理操作时，为了防止纤维素酶降解纸浆纤维，造成不必要的损失，可以以适当的比例混合木聚糖酶和脂肪酶：脂肪酶酶活 901IU/mg，由 Sigma 公司提供；纤维素酶粗酶液产自黑曲霉，CMCase 酶活 33.0IU/mL，FPA 酶活 28.3IU/mL，内含木聚糖酶活 1.68IU/mL，最适 pH5.0，温度 45℃~50℃；木聚糖酶粗酶液也产自黑曲霉，酶活 44.0IU/mL，内含 CMCase 酶活 0.18IU/mL，最适 pH5.0，温度 45℃~50℃。实验确定的三种酶最佳工艺条件为：pH5.0，温度 50℃（脂肪酶为 47℃）、反应时间 50min、浆浓 10%、浮选时间 10min，脂肪酶、纤维素酶和木聚糖酶的最佳酶用量分别为 1IU/g、0.5IU/g 和 3IU/g。实验结果表明，混合纤维素酶脱墨浆好于脱墨废纸浆的强度，裂断长提高 3.2%，耐破指数提高 7.4%，撕裂指数提高 7.1%。浆的得率和滤水性也得到了改善。混合酶中脂肪酶、纤维素酶、木聚糖酶的比例以 40:30:30 为宜，用量分别比单一酶脱墨时节省 60%、70% 和 70%。

②混合漆酶和淀粉酶。当废纸的主要成分是淀粉和变性淀粉施胶时，淀粉酶对于这类废纸浆有良好的脱墨效果。例如处理混合办公废纸，淀粉酶的脱墨率可以达到 93%，并且增加了废纸脱墨浆的断裂长。有实验证明，经淀粉酶处理去除的油墨粒子的表面疏水性远大于纤维素酶处理过的，因此在后期浮选时会有更好的油墨粒子去除效果。将漆酶和淀粉酶以 2:3 的比例进行混合搭配，在碱性环境下抽提浆料，可得到油墨脱除率为 92.1% 和白度为 91.6% 的脱墨浆。与化学法脱墨相比，混合酶脱墨后浆料的白度和油墨脱除率分别提高 7.1% 和 14.2%，裂断长和撕裂指数分别提高 14.7% 和 11.3%，滤水性也明显提高，得率与化学法脱墨浆相近。

③混合商业纤维素酶和半纤维酶。对打印废纸进行脱墨时，可以使用商业纤维素酶、半纤维素酶和一种曲霉菌的粉末的混合酶。首先用0.25mol/L的盐酸处理废纸，然后设定碎浆时的浆料浓度为2%，碎解时间为4min，碎解温度为30℃，然后在pH3.5，纤维素酶和半纤维素酶用量2.5U/g干浆，1:1比率的条件下酶处理时间60min，然后在pH6.0，温度45℃的条件下浮选时间15min，抄片后测量白度，脱墨效率达到95%。脱墨后的纸浆与空白样相比，抗张强度稍有下降，撕裂度和耐破度基本不变。

通过这些实例可以看出，复合酶对废纸浆的处理，不论是油墨粒子脱除率，还是纸浆白度，相比较单一酶的使用都有明显的提高。作为可持续发展的绿色脱墨，酶法脱墨在造纸工业中有着更大的优势。但是工业用酶提取成本过高是阻碍酶法脱墨发展的重要因素，若想要今后大力推广酶法脱墨技术，就必须研发更加低成本的酶提取工艺，生产大量的工业用酶。

4. 酶法脱墨的研究发展方向

在继续扩大酶法脱墨的推广范围之前，需要先解决一些阻碍其工业化的主要问题。

（1）尽可能地继续缩短酶的作用时间。酶在脱除油墨粒子时需要一定的时间来反应，一般在半小时到一小时不等。若可以将酶的作用时间再进一步缩短，就可以在碎浆阶段就加入酶，使其发挥更好的脱墨效果。

（2）扩大酶的适用范围。在碎浆阶段，若想要使酶就有很好的脱墨作用，就必须使酶克服此时浆料中因含有大量杂质造成的复杂环境。因此需要加强酶的适应性。

（3）能够在中性浮选脱墨环境下发挥作用。无须更改或仅需少量更改工艺及设备便可投入实际使用。

（4）减少纤维损失，降低酶的用量，降低生产成本。

要克服这些问题，需要在以下几个方面加强研究。

（1）开发更有适应性、更高活性的新酶种。

（2）加强酶的作用机理研究，根据机理来指导生产实际操作。

（3）增强酶的改性研究。

（4）将分子生物学、基因工程等纳入酶法脱墨的研究中，以便将研究进度加快，研究内容加深，尽早实现工业化。

第7章 制浆造纸末端废水处理技术

在我国造纸工业中，"三废"的排放一直是我国阻碍我国造纸工业绿色发展的重要因素，其中以废水的排放最为严重。据不完全统计，2012年我国工业废水总排放量为203.36亿吨，仅造纸一项的废水排放量就高达34.27亿吨，占据全国总排放量的16.9%。其中，在造纸排放的废水中，化学需氧量（COD）的排放量为62.3万吨，占全国工业COD总排放量（303.9万吨）的20.5%；氨氮的排放量为2.1万吨，占全国工业氨氮总排放量（24.2万吨）的8.7%。

从这些数据中可以看出，为了我国的制浆造纸产业持续走绿色发展道路，废水排放的治理刻不容缓。积极开发造纸废水的可回收利用技术，化害为利，有利于早日实现我国造纸工业的清洁生产和造纸产业可持续发展，对环境保护，建设绿色工业有着非凡的重要意义。

7.1 制浆造纸废水的来源及特点

7.1.1 制浆造纸废水总述

在制浆造纸的过程中，选择不同的制浆工艺，生产不同的纸种，在造纸原料、制浆方法的选择上都会有所差别。通常情况下，造纸厂会根据最后所生产的具体纸种和本厂的生产规来确定原料上是采用针叶木、阔叶木等木材原料，还是草料、废纸等非木材原料，然后决定制浆方法是选择化学法、化学机械法、半化学法还是机械法。因为原料和制浆方式的不同，使得在造纸过程中添加的化学药品也不同。上述种种差别，都会造成纸厂最后排出的废水在化学组成和性质上相差较大。

从总的方面概括来看，造纸工业排放的废水大致可以分为四类，即备料废水、制浆废水、中段废水和纸机白水。需要说明的是，制浆废水多是在蒸煮工段产生的黑废液，中段废水主要包括洗涤净化水和漂白废水。在这四类废水中，黑液、中段废水和纸机白水的排放占据制浆造纸废水总排放量的绝大部分。

制浆造纸所排放的废水会对环境造成很恶劣的影响，其中，造成环境污染的主要源头是废水中包含的悬浮物、有机物、毒性物质、酸碱性物质和有色物质等，这些污染物进入废水中是主要是通过制浆造纸过程中所采用的干湿法和干法备料废水、蒸煮废液、筛选和漂白废液等工序。可以看出，在制浆造纸的过程中，几乎每一个工序所产生的废水都会产生带有一定的污染源。

从原料选择、制浆方式、排出废水成分等各方面综合分析，可以总结出制浆造纸排出的废水具有以下特点。

（1）在制浆过程中，会有大量的原料溶出物和化学药品等污染物进入到造纸所产生的废水中，使制浆废水中含有高浓度的污染物。

（2）废水中含有大量难以生物降解的有机物，像木质素、纤维素等，致使废水中的污染物的可生化性较差。

（3）废水中含有很多对环境污染严重的化学药品，如部分废水中含有的硫化物、油墨、絮凝剂等，这些化学药品使得废水具有不利于生化处理的复杂成分。

（4）废水的流量和所带的污染负荷是持续变化的，且变化的幅度很大，这对废水进行生物降解处理系统的稳定运行造成很严重的影响。

7.1.2 备料废水

在进行正式的制浆造纸工序之前，首先要进行的一个步骤是备料。对于木材原料，备料时要经过原木剥皮、洗涤、切片、筛选等几道工序；对于非木材原料，如草料等，备料的过程包括原料的除尘、除杂（像野草、草叶）、除髓等。以木材原料为例，表7-1-1呈现干湿法下仅原木剥皮一项的用水量及其所对应的污染负荷。

表7-1-1　木材原料干湿法剥皮废水用量及污染负荷

剥皮方法		干法剥皮	湿法剥皮	
			开放系统	封闭系统
用水量	kg/m³ 木	0~2	5~30	1~5
	m³/t 浆	0.5~2.5	3~10	
固悬物	kg/m³ 木	0~2	3~10	0.5~3
COD	kg/t 浆	110	20~30	

（续表）

BOD	kg/m³ 木	0 ~ 3	3 ~ 6	2 ~ 3
	kg/t 浆	0.5 ~ 2.5	5 ~ 10	
总磷	g/t 浆	25 ~ 35	10 ~ 20	

我国是个森林资源匮乏的国家，在造纸产业中，多使用非木材原料使用干湿法相结合的方式进行制浆造纸，像麦草、稻草、蔗渣、竹子、芦苇等。这些草料与木材原料相比，使排出的废水所承载的污染负荷更加严重。以麦草或稻草为原料的备料废水包括洗涤水、除尘器水封及除尘器排除灰尘洗涤所排出的水，COD 负荷 10 ~ 20kg/t 绝干草。

7.1.3 制浆黑液

制浆黑液的绝大部分都来自于制浆蒸煮所产生的废液，其中所包括的主要成分有木质素、纤维素、半纤维素、单糖、有机酸和氢氧化钠等。这些成分使得黑液对环境的污染占到整个造纸工业污染的90%，可以说，要实现造纸工业的清洁化生产，就必须解决制浆黑液的污染问题。

现代造纸工业中，多使用燃烧碱回收处理制浆黑液。碱回收法已经发展得十分成熟，这也是目前最高效、最经济地处理制浆黑液的技术手段，在我国的大、中型造纸厂中有着广泛应用。表7-1-2中详细介绍了碱回收处理制浆黑液的技术运行效果。

表7-1-2 国内大、中型碱回收系统运行效果

项目	木浆	竹浆	苇浆	蔗渣浆	麦草浆
单条碱回收生产线制浆规模/（t/d）	>150	>150	>100	>80	>75
黑液提取率/%	95 ~ 98.5	95 ~ 98	88 ~ 92	88 ~ 90	80 ~ 89
碱回收率/%	90 ~ 98	85 ~ 96	85 ~ 90	83 ~ 87	70 ~ 80
碱自给率/%	96 ~ 100	90 ~ 99.7	<90	<87	<80
碱回收成本/元（以每吨计）	500 ~ 800	500 ~ 600	700 ~ 1200	800 ~ 1300	900 ~ 1500

利用碱回收系统处理黑液主要有三个方面的作用。

（1）将黑液中带有的无机物，如氢氧化钠、硫化钠等重新回收，可做制浆工艺所添加循环利用的化学药品。

（2）利用碱回收可以把制浆过程中产生的有机物副产品分拣处理，还

有可利用价值的留下做出售用，有害的部分直接除去。

（3）碱回收可以将破坏无用有机物所产生的能量以蒸汽或电能的形式进行回收，节能降耗。

碱回收不但可以回收大量宝贵资源和能源，当黑液回收率达到97%～98%时，还可以减少至少95%以上的环境污染。

7.1.4　中段废水

经过蒸煮及黑液提取后的浆料，在洗涤、筛选、漂白和打浆过程中产生并且排放的废水称为中段废水。中段废水含有较高浓度的木质素、纤维素和树脂酸盐等较难生物降解的复杂污染物，并且，若在对浆料进行漂白的过程中使用含氯漂白剂，会产生大量对环境有严重污染作用的有机氯化物。这是中段废水造成环境污染的主要原本因之一。中段废水的颜色较深，一般pH为9～11，悬浮物的含量在500～1500mg/L左右，COD_{Cr}的排放量我1200～3000mg/L。

目前，大型化学木浆造纸厂使用最多的是无元素氯漂白，简称ECF，也有一些制浆造纸厂适应全无氯漂白，简称TCF，这两种漂白方式的，吨浆污染物排放量如表7-1-3所示。

表7-1-3　ECF和TCF漂白吨浆所排放的污染物量

漂白工艺	BOD_5/kg	COD_{Cr}/kg	AOX/kg	色度/倍
ECF	8～16	34～60	0.9～1.7	26～150
TCF	12～30	30～134	0	27～157

用TCF漂白可大幅度降低AOX的发生量和废水的色度。另外，在碱抽提工段，加入氧或者过氧化氢强化碱抽提木质素，是有效减少含氯漂白废水中AOX含量的有效措施之一。

7.1.5　纸机白水

抄纸过程中产生排放的废水称为纸机白水，主要含有的物质包括细小纤维、抄纸所添加的填料、溶解物（DS）、胶体物（CS）及悬浮物等。其中，纸机白水中含有的细小纤维可以通过沉淀、过滤、气浮的方法回收再利用。造成纸机白水对环境有危害的主要物质是当中溶解的不溶性化学需氧量（COD），可以使用COD降解剂处理纸机白水，降低对环境的污染。还有一点需要了解，纸机白水水质的pH值接近中性，在6～8之间，

BOD、COD_{Cr} 及 SS 浓度分别为 350 ~ 650mg/L、600 ~ 1000mg/L、300 ~ 1000mg/L。

7.1.6　制浆造纸末端废水

为了尽可能减少污水排放量，满足清洁生产，使资源的利用达到最大化，在制浆造纸的各道工序中，会采取各种先进的技术手段和生产设备，对制浆造纸过程中产生的废水先进行一步可用资源和能量的回收再利用操作，剩下的不能被回用的来自各个生产工序的废水会汇总到一起，进入污水处理厂。这样的综合废水称为末端废水，也叫作终端废水。

制浆造纸末端废水污染物浓度高，COD、BOD 以及 TSS 含量大，部分非木制浆企业其废水中 AOX 含量也很高。因此，其处理方法较一般工业废水应有所不同，目前制浆造纸废水的处理方法主要有物理法、化学法、生物法，膜生物法及其组合处理法。值得注意的是，这里只提及国内外普遍认为经济可行并应用较广泛的处理技术。

7.2　末端废水可推广的可行最佳技术

随着现代造纸产业的快速发展，对制浆造纸所产生废水的处理技术也在不断改进完善，逐渐向技术成熟化发展。我国的造纸工业废水经过了"二级生化"处理逐渐向"三级生化"处理过渡，即物理—生化—物化的现代主流污水处理手段。如图 7 - 2 - 1 所示，这是现代造纸产业中较为典型的综合处理工业末端废水流程，可以看出，该工艺在二级生化处理的基础上增加高级氧化处理技术等的深度处理综合技术，使得经过处理的废水能够达到 GB 3544—2008 标准。

下面介绍目前较为成熟的制浆造纸末端废水处理技术，其中包括物理法、化学法、物理化学法、生化法等。

7.2.1　物理法

物理法是处理废水的先行工作，即利用过滤、重力分离和离心分离等物理手段最大程度地去除废水中的悬浮物、有机残渣等。物理法多用于处理中段废水，一次可处理的废水量极大，便于管理，并且经过处理后的废水所带的污染负荷大大降低，一定程度上保证了清洁生产。

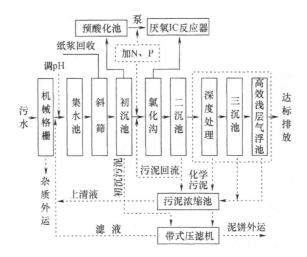

图 7 - 2 - 1　制浆造纸末端废水处理典型工艺流程

过滤作为常见的物理排污方式，对造纸工业废水中的固体悬浮物可以达到很强的去除作用，通过一些常用的过滤设备，像筛网、滤网、斜形筛、格栅、过滤机等，拦截废水中较大的废纸浆纤维，将其回收再利用，同时去除不需要的有害杂质。被回收的废纸浆纤维可以用做普通纸板的生产。值得注意的是，作为简单的机械过滤方法，微滤和振动筛也逐渐在现代造纸工业中被成功地运用起来，目前主要在中段废水中起到预处理的作用。微滤和振动筛处理过的废水使得回收废纸浆的品质优良，在造纸中段污水的预处理中，可以说是一项很有发展前途的技术。

7.2.2　化学法

化学法处理造纸工业废水的过程较为简单，主要是利用化学药品和废水中的污染物与有害物质发生化学反应，如混凝、中和、氧化、还原等，进而使其发生最大程度地降解，一直到变为无害物质为止。化学法主要有臭氧氧化法、光催化氧化法、超声空气法、超临界水氧化法和化学还原法等，多在废水的预处理或后续深度处理上使用。

利用化学法来处理造纸工业废水，能够灵活掌控操作过程，确保废水处理系统的稳定运行，同时化学法的工艺流程较为简单，便于操作，可适用的范围也比较广泛，可以处理多种类型的废水。但是需要注意的是，如果处理的废水量过大，则投入的化学药品量相对应下就会很多，则会造成排污运行成本地大幅增加。

7.2.3　物理化学法

物理化学法（以下简称物化法）主要是用来减少废水中 COD、BOD、SS 等，除去废水中的悬浮物和纤维，同时还具有脱色的功能。物化法处理废水包括的方法很多，如中和法、吸附法、萃取法、混凝沉淀法、混凝气浮法、离子交换法、膜分离法等，但是实际应用中最常用的还是斜网过滤、初级沉淀、浅层气浮、常规气浮、混凝沉淀等技术手段。

上述物化法中，气浮法和混凝沉淀是较为成熟的废水处理技术，尤其是用在处理碱法草浆的中段废水中，经过处理后的草浆中段废水，可以去除 70% 的 SS，30% 的 COD_{cr}，以及 20% 的 BOD_5，这种处理方式增强了对废水污染物的控制。同时，利用气浮法处理造纸废水，不仅能回收纤维，还能回用处理后的废水。气浮法所用的处理设备简单，运行费用也较低，是经济高效的废水处理方式。

7.2.4　生化法

这里只介绍一种生物化学处理方法，即好氧生物处理技术。好氧生物处理技术包括：不同改进型号活性污泥法、生物转盘、生物滴滤池、SBR、接触氧化、氧化塘、氧化沟、曝气稳定塘等。在这其中，活性污泥法是最常用的，也是相对来说比较经济高效的废水处理技术。经过活性污泥法处理的造纸工业废水，其中的有害物质去除率基本都满足 80% 以上，特别是 BOD_5 的去除率在 88.5%，可以说，活性污泥法能够呈现出相当高的排污效果。

在现代造纸工艺的发展下，活性污泥法经过不断改进，现已发展为一种可变容积式的循环可活性污泥法，简称为 CAST 工艺。CAST 工艺设有的生物选择器可以使系统选择出絮凝性细菌，极大地促进了污泥的沉降。利用这种先进的活性污泥处理技术，使得废水中污染物的去除作用更加高效，如 COD_{cr} 的去除率由原来的 78% 提升到了 88%，而 BOD_5 的去除率更高达 97.5%。

7.3　末端废水需要完善的可行最佳技术

在上一小节，详细介绍了四种造纸工业废水的处理技术，但是每种方法都不是毫无缺憾的。例如，物化法中，絮凝法需要投加大量的试剂，膜分离技术容易出现膜污染和浓差极化的问题，吸附剂的应用需要考虑它的吸附容量和再生；生化法中，生物填料法要考虑菌种的筛选、培养和环境适应性，活性污泥法要考虑污泥膨胀、生物活性和污泥量等。这些不足之处使得造纸工业废水的处理技术需要不断地进行完善，优化。

上述种种废水处理手段，不论单独使用哪一种，想要达到非常高效地去除废水中污染物的效果，所投入的成本是非常高昂的，一般的中小型造纸厂无法承担。这也是就是为什么单一的废水处理技术难以产业化发展的原因。在实际操作中，应充分考虑到污水处理的高效率和切实可行的经济条件，然后综合对比上述处理方法的优缺点，这样才能选取到合适的造纸工业废水处理技术。事实上，在近几年的实际探索中，不难发现，几种处理工艺的联合应用具有非常大的发展潜力，其中值得一提的是当下最流行的人工湿地技术。人工湿地技术充分利用了自然界本身的物理、化学、生化等三重作用处理工业废水，而且具有无污染、可自己调控、有回收价值等优点，在工业废水处理用上，非常有可能成为最有发展前景的一项应用技术。

7.3.1　膜分离处理技术

膜分离处理技术作为一项新型高效、精密准确的分离技术手段，对制浆造纸废水中的污染物有很高的去除作用，其作用原理主要是过滤性膜的选择透过性。在常温环境下，过滤性膜选择性地处理废水中的物质，造成膜自身两侧存在压力差或电位差，废水中的杂质以此为动力被浓缩、分离和纯化，起到了很好的排污作用。

膜分离技术主要涵盖微滤、超滤、纳滤、反渗透等实际应用，具有的最大优势就是除了一定大小的压力之外不需要借助任何外力，就可以对造纸工业废水中的污染物起到优异的分离效果。例如，采用 $0.8\mu m$ 微滤（MF）与 50nm 超滤（UF）无机陶瓷膜组合工艺对造纸废水进行处理，在温度为15℃、压力为 0.1MPa 的操作条件下，$0.8\mu m$ 膜对比 COD 去除率为30%～45%，50nm 膜对 COD 去除率为55%～57%。当然膜分离技术不会对废水或废水中的物质造成任何相态上的变化。可以总结出，膜分离技术具有高效分离、设备简单、投资小、占地面积小、节能、运行操作方便、无污染等优点，所以膜分离处理废水技术在各国的造纸工业中有着重要的应用。并且随着现代各项工业先进技术的不断研发，膜分离技术已经大步迈向工业化的发展阶段。

关于各国对膜分离技术的探索中，其中，瑞典的研究人员做了一个试验，将生物法和膜分离技术中的超滤相结合，采用两种工艺联合的方式处理漂白装置排出的污水，得到的污水处理结果令人满意。我国在膜分离技术上的研究不甘落于人后，虽然在膜分离技术上有很多急需解决的问题，如污染、浓差极化、膜清洗、高性能膜材料制备等，这使得我国目前的膜分离技术水平相较世界领先水平差距较大，但是我国的科研人员在不断努力中，向着更加先进的技术发展。

7.3.2 制浆造纸废水的深度处理技术

造纸工业所产生的废水组成成分复杂，其中包含的各种难以降解的有机物以及衍生物都对环境造成了非常严重的危害，像纤维素、半纤维素、单糖、木质素等。这类工业废水的污染负荷不是单单只靠一种废水处理系统就能解决的。例如只采用单一的活性污泥法对废水中的污染物进行处理，那么对于一些没有采用全无氯漂白技术或二氧化氯用量超标的无元素氯漂白的制浆造纸工厂，其末端废水的污染物排放很难达到 2008 年颁布的最新污染物排放标准。

众所周知，制浆造纸工业废水是高浓有机废水，也是所有工业废水中最难处理的废水之一。造纸工业废水具有排放量大、组分复杂、色度高、化学需氧量高、可生化性差等特点。为了使制浆造纸工厂的末端废水都能达到或者超过可排放废水的标准，有必要在废水处理系统上增加一个造纸废水深度处理的系统，具体的工艺流程如图 7 - 3 - 1。

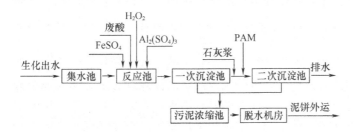

图 7 - 3 - 1 造纸废水深度处理基本工艺流程

制浆造纸废水的深度处理技术包括物化法、生物法、高级氧化法及联用技术等，下面来对此进行具体阐述。

1. 高级氧化法

高级氧化法简称 AOPs，即 Advanced Oxidation Processes，指的是将废水中的污染物利用纯化学或者物化的方法，如光、电、声、催化剂、氧化剂等，直接矿化为无机物（如二氧化碳和水或无机矿物盐等）或转化为低毒、易生物降解的中间产物。高级氧化法的作用机理是凭借羟基仅次于氟的极强氧化性，在羟基自由基中间体的基础上发生的一种高效、强烈的氧化反应，所以高级氧化法也被叫作深度氧化技术。

高级氧化法对末端废水的处理效率很高，将污染物去除的较为彻底。一般的生物法无法处理降解的污染物或者复合物质，像氯代有机物类、硝基苯类、酚类、多环芳烃类等，利用高级氧化法都能彻底分解，极大地降低了废水中污染负荷。高级氧化法的适用范围广泛，对废水中几乎有所有的有机氧化物都可以无差别地进行氧化，并且不会产生二次污染的现象。在使用高级氧化法时，有一点需要格外注意，高级氧化法使用的氧化剂虽然具有很强的氧化性和反应性，但是可作用的时间很短，即难以长时间存活，这些高效氧化剂只能现用现做，即在处理系统的反应器中现场获得。

2. 物化法

物化法主要包括膜分离法、吸附法、混凝法等。膜分离法已经在前文详细叙述，所以在此就不再提及。

吸附法主要指的是活性炭吸附，这是一类较为常见的深度处理末端废水的方法。活性炭吸附法的作用机理是利用了活性炭强大的吸附能力，在进行末端废水处理操作时，活性炭将废水中污染物吸附到自己多孔结构带有的空隙中，从而去除污水中的杂质。活性炭不仅可以对末端废水进行深度处理，吸附污水中剩余的、一级水处理没能去除的有机污染物，像一些胶体粒子、氯化有机物等，还能将末端废水的异味、色度等一起去除。活性炭吸附法广泛应用在现代工业污水的深度处理上，具有安全有效、方便管理等特点，但是需要注意的是，活性炭吸附法对有些类型的有机污染物是没有办法完全吸附的，如氯代甲烷类等。更重要的是，活性炭只能吸附转移废水中的污染物，并不能直接将其去去除，因此很有可能会造成末端废水的二次污染。近几年，研究人员将对活性炭吸附法的研究重点放在与其他废水处理系统联用上，希望以此达到更好地降低工业废水的污染负荷。例如活性炭与混凝沉淀联用对 AOX 去除作用的研究，UV/Fenton 法与活性炭联用技术处理微污染水源水的研究等。

混凝法主要用于使末端废水中胶体状、微悬浮状态的有机及无机污染物发生大分子沉淀，然后再去除的深度废水处理工艺。其作用机理为向工业废水中添加金属盐类无机物（如 Al^{3+}、Fe^{3+}、Ca^{2+}）和酚酞类有机高分子化合物，使胶体粒子上的 Z 电位降低，并且在末端废水中将大分子有机物进行电位中和，最终使其以吸附、架桥等形式凝聚成大颗粒物质，从废水中沉淀分离去除。从外观上看，混凝法大大降低了末端废水的色度和污浊度，因此常将混凝法用在造纸工业废水上的第一级处理。在现代造纸工业的废水实际处理上，还需要通过大量的实验来寻找合适的混凝剂。

3. 生物法

生物法是借助微生物来改善废水的污染负荷，达到降解污染物、脱色等目的。其作用机理是废水中的污染物会给微生物提供进行生命活动所需要的营养，微生物在吸收这些营养物质之后所产生的代谢作用可以使废水中的有机污染物的化学结构发生变化，进而分解这些有机污染物。

生物法在对末端废水进行深度处理时，要求废水具有一定的可生化性，但是通常情况下，经过传统二级处理后的污水可生化性非常差，很难使单一的生物法发挥应有的处理效果。所以，为了使末端废水的可生化性有所提升，需要在生物法之前先一步处理末端废水。更多的情况下，生物法多是跟物化、电化学或化学氧化法等进行联用，以达到更好的废水处理效果。需要注意的是，在处理难降解的有机污染物时，要在生物法的降解范围内，一旦超过了降解极限，便很难取得理想的废水处理效果。例如，经过二级处理后的造纸工业废水中仍然含有难以降解的芳香族化合物，这类化合物与木质素及其衍生物的各种降解产物有关，可生物性极差，很难用生物法将其去除。

4. 深度处理技术的完善

表 7 - 3 - 1 和表 7 - 3 - 2 详细介绍了各类深度处理技术优缺点、需要完善的方面及各种工艺处理效果。

表 7 - 3 - 1　各类深度处理技术优缺点比较以及需完善的方面

深度处理技术	优点	缺点	完善的方面
Fenton 法及类 Fenton 法	反应条件温和，无二次污染，设备简单，处理费用低，适用范围比较广	氧化能力相对软弱（臭氧化法除外），出水中含有大量的铁离子，废水处理成本较高	铁离子的固化技术，与其他工艺联用

（续表）

臭氧法及其联合工艺	降解能力强、效率高，不产生二次污染，操作简单，反应条件温和	设备较复杂，投资大和耗电高，溶解度较低	研发新型高浓度臭氧发生器，革新工艺或与其他技术联用
光催化氧化法	氧化能力强，无二次污染，操作简单，适用范围广	光源利用率较低，降解不够彻底，易产生多种芳香族有机中间体	提高光源利用率，研发新型光催化材料
膜分离法	设备占地小，操作环境好，运行简单，维护方便，处理效率高，无二次污染产生	膜污染，浓度差极化	开发高强度、寿命长、抗污染、通量高的膜材料，并着重解决膜污染与浓度差极化等问题，妥善处理浓缩水
微电解法	以废治废，效果好，投资省，适用面广，使用寿命长，操作管理简单和运行成本低	应途径仅停留在设想、推断阶段，缺乏有效的理论基础	加强研究过程的优化设计和操作规律，开发价廉高效、适应性强的七微电解技术优势互补的复合水处理技术

表 7 - 3 - 2 废水深度处理各种工艺处理效果对比

去除效果	去除率	适合去回收	技术差异性
活性炭吸附法	20% ~75%	是	需再生活性炭
化学混凝法	20% ~50%	较不适合	需处理化学污泥
臭氧氧化法	30% ~60%	是	需处理臭氧废气
流化床 - Fenton 氧化法	70% ~90%	较不适合	含铁污泥

可以看出，造纸工业废水处理技术还有待继续发展研究，为了以更高的标准满足国家准许排放的要求，需要我国科研人员的不断努力和探索。今后对废水处理系统的研发方向必须朝着更高效、更经济的目标前进。

第 8 章　制浆造纸固体废弃物资源化利用技术

现代工业，尤其是造纸工业，对绿色可持续化发展的要求越来越高。制浆造纸产业在不断进行技术革新，生产更多更好纸制品的同时，也产生了很多可回收再利用的固体废弃物。将这些固体废弃物进行资源回收，充分进行二次利用，是促进造纸工业循环经济发展并维持良好工业生态的必经之路，也是促进造纸行业坚持走绿色可持续发展道路的重要动力。

8.1　制浆造纸固体废弃物资源化利用的经济可行最佳技术

制浆造纸工业在生产之外需要排出的固体废弃物大体上可分为有机和无机两种类型。其中，有机型固体废弃物多来自三个方面。

（1）造纸原料的剩余物，如有机残渣、树皮、树节、锯末、木块、草末等。

（2）原料制浆和抄纸过程中产生的纤维浆渣，如筛选去除的木节、浆渣、蔗髓、废纸制浆脱墨去除的污泥等。

（3）造纸产生的污水中所带的污泥，如细小纤维、化学污泥和生物污泥等。

而无机型固体废弃物主要从两个方面产生。

（1）使用硫酸盐制浆的工厂在进行碱回收操作时产生的固体废弃物，如白泥、绿泥、绿砂等。

（2）动力锅炉产生的灰渣，如粉煤灰、炉渣和熔渣等。

在制浆造纸的实际操作中，要尽可能地采取清洁操作，尽量减少固体废弃物的产生，对于是在避免不了的要选择资源回收，使其可以被二次利用。

8.1.1 白泥资源化利用技术

白泥是澄清白液时沉淀下来的废弃残渣。化学法制浆造纸的过程中会产生一定量的黑液，通过燃烧法碱回收黑液，在回收的苛化工段产生固体废弃物就是白泥。在白泥的组成成分中，碳酸钙占到4/5的比例，剩下的组分中包括有过量的灰质、一定量的酸性不溶物、少量残碱、微量的碳以及其他工艺流程带来的元素。

产生白泥的反应机理是碱回收绿液中的碳酸钠与加入的石灰进行苛化反应，过量的石灰与水反应，两种反应综合得来的产物。用化学式可以表示为：

$$Na_2CO_3 + CaO + H_2O = 2NaOH + CaCO_3$$

$$CaO + H_2O = Ca(OH)_2$$

1. 木材制浆碱回收白泥制备氧化钙技术

木浆碱回收绝干白泥产生量典型值为 1023kg/t 回收活性碱（NaOH + Na_2S，以 NaOH 计）。

（1）技术原理

碱回收白泥用来制备氧化钙有三种常用的方法，即回转炉法、流化床沸腾炉法和闪急炉法，其共同的作用过程称为煅烧。木浆产生的碱回收白泥制备氧化钙的煅烧过程为：苛化工段产生的白泥在高温（1100℃ ~ 1250℃）下，借助燃烧重油、天然气产生的热能进行加热，直至转化为可以重新用于制浆苛化工段中的氧化钙。

（2）回转炉法

白泥在回转炉中的煅烧过程分为三个阶段。

①干燥段：白泥从苛化工段中产生时会带有40% ~ 50%的水分，在制备氧化钙时不易煅烧，因此需要先将会水分进行蒸发，即白泥在回转炉的高温炉气下干燥为颗粒状，

②预热段：干燥后颗粒状白泥在回转炉中进行预热，等温度达到600℃时，白泥中的碳酸钙就会开始分解。

③煅烧段：加热白泥至825℃，这时的碳酸钙迅速，对白泥进行持续加热，将煅烧温度提高至1050℃ ~ 1250℃。

碱回收白泥采用回转炉法制备氧化钙的工艺流程如图8 - 1 - 1。

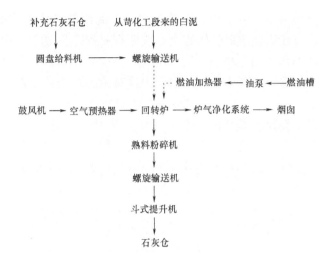

图 8 - 1 - 1　回转炉法白泥回收工艺流程示意图

回转炉法煅烧碱回收白泥制备氧化钙的操作技术就目前而言已经相当成熟，并且该工艺流程操作简便，系统能够保持稳定运行，所以在碱回收白泥制备氧化钙的应用上十分普遍。

（3）流化床沸腾炉法

流化床沸腾炉法所使用的装置如图 8 - 1 - 2。

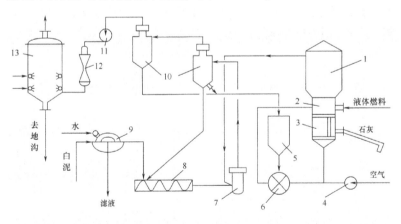

1—沸腾炉；2—煅烧室；3—炉底小室；4—空气风机；5—进料仓；
6—干白泥入炉风机；7—粉碎机；8—螺旋混合器；9—白泥真空过滤机；
10—旋风分离器；11—排烟机；12—文丘里管；13—涡流式气体洗涤器

图 8 - 1 - 2　流化床沸腾炉法白泥煅烧装置流程

流化床沸腾法是一种比较新型的碱回收白泥制备氧化钙的煅烧方法。最后是否可以成功煅烧出氧化钙完全取决于石灰的造粒过程。在沸腾炉的流化床中，碳酸钙的细小粉尘会被煅烧为 5~6mm 的颗粒，继而分解生成氧化钙。石灰的造粒过程受到入炉白泥中残碱量的影响，通常要求白泥中残碱的含量不超过 5%，若白泥中碱残留的量过多，会影响石灰的正常造粒，造成石灰小颗粒表面硬化。

简述一下流化床沸腾法白泥锻造的工艺流程：首先碱回收白泥在真空过滤机内进行干燥，使脱水度达到 65%~70%，然后将其送入螺旋混合器内，向其中添加部分干石灰粉和少量用于消化的水，将白泥的湿度提高到 8%~10%，经由粉碎炉将白泥磨成细小颗粒，混合沸腾炉产生的高温烟气，一起进入旋风分离器。旋风分离器里出来的烟气，通过文丘里气体洗涤系统排空。然后送入旋风分离器的粉尘状白泥（主成分是 $CaCO_3$）一部分返回螺旋混合器，一部分送到进料仓加工成绝干粉状后送入流化床上，在高温（850℃~900℃）下使其分解为氧化钙。白泥中的残留碱在粉尘的分解反应温度下被熔融，使得细小粉尘颗粒之间一边相互黏结一边燃烧，在流动状态下结成石灰小球，在冷却室内冷却后排除炉外。

（4）闪急炉法

闪急炉法煅烧碱回收白泥的反应速度相对回转炉法和流化床沸腾法较快，在煅烧时形成的石灰颗粒几乎呈现粉末状，所以要求闪急炉拥有极高的密封性。闪急炉法煅烧白泥的工艺流程如图 8-1-3。

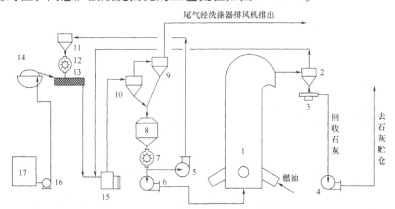

1—闪急炉；2、9~11—旋风分离器；3—圆盘给料器；4—石灰风送机；
5—干白泥风送机；6—送泥风机；7，12—星形给料器；8—干白泥贮仓；
13—螺旋输送机；14—白泥真空过滤机；15—笼形磨；16—泥浆泵；17—白泥贮槽

图 8-1-3 闪急炉法白泥煅烧流程

闪急炉煅烧白泥的具体工艺流程叙述如下：将经过真空过滤机干燥过的苛化碱回收白泥增加浓度，在笼形磨内混合部分干白泥与高温烟气进行接触式干燥。干燥后的白泥进入干白泥贮仓。星形给料器和送泥风机将干燥后，并且经过二级旋风分离器分离后的干白泥送到闪急炉炉底，炉顶旋风分布器将白泥吸入炉内，在闪急炉内对干白泥进行高温（此时炉内温度为1100℃）煅烧，在0.5~1.0s内干白泥即可发生分解，煅烧成氧化钙。这时煅烧后的产物在经过旋风分离器分离后，氧化钙经圆盘给料器等设备去石灰贮仓，高温烟气则循环回笼形磨。

2. 碱回收白泥制备及相关产品

（1）碱回收白泥制备水泥配料

碱回收白泥还可以用来生产普通硅酸盐水泥，混合石灰石、黏土、铁粉、萤石等，进行综合生产工艺。对碱回收白泥生产水泥的回收利用，既在一定程度上解决了白泥的环境污染问题，也在生产硅酸盐水泥上取得了一定的经济效益。白泥综合利用生产水泥的工艺流程如图8-1-4。

①主要工艺参数与技术指标

原料配比：65%石灰石，15%黏土，16%白泥，0.5%萤石，3.5%铁粉。

三率值控制指标：石灰饱和系数（饱和比）：0.930±0.030，硅酸率（硅率）2.0±0.20，铝氧率（铝率或铁率）：1.40±0.10。

生料控制：细度（0.088mm方孔筛筛余）12.0%以下，Fe_2O_3 3.0%。

出磨水泥质量控制：细度（0.088mm方孔筛筛余）（5.0±1.0）%，SO_3（2.2±0.3）%。

混合材料掺量：煤渣（13.0±2.0）%，石膏6.0%。

②生产工艺特点

普通的湿法生产水泥消耗能量太高，不满足我国对水泥生产的政策方针，所以在原有湿法生产的基础上应该做出以下调整。

A. 严格控制原料的配比和熟料的三率值。

B. 在白泥送入泥浆库贮存前，为了不因为白泥沉淀阻碍贮存和输送泥浆，应该先将白泥和黏土混合成白泥—黏土浆。

C. 陶泥的质量及白泥和黏土的比例可以通过测定混合浆的水分和碳酸钙的含量进行控制。

D. 通过电振动喂料机和勺式喂料机控制石灰石和白泥的进料量可以使生料均匀配比。

③消耗定额

熟料标准煤耗 277kg/t；水泥综合电耗 109kWh/t；石灰石 900 ~ 950kg/t；白泥 140 ~ 170kg/t；铁粉 29 ~ 30kg/t；黏土 220kg/t。

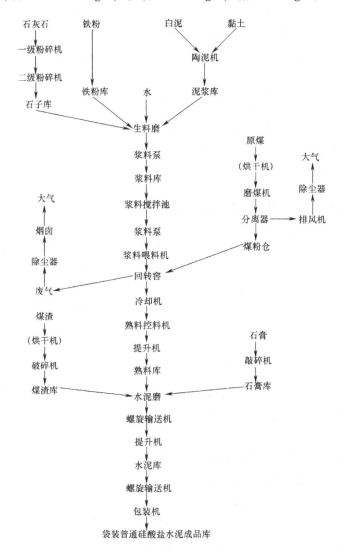

图 8 - 1 - 4　白泥综合利用生产水泥工艺流程

（2）白泥制作水泥复合板

白泥制作水泥复合板的原料配比见表 8 - 1 - 1，具体的工艺流程见图 8 - 1 - 5。

表 8－1－1　水泥复合板原料组合

硅酸盐水泥	52~60	氯化钙	4~5
造纸废弃纤维	15~19	水玻璃	5~8
碳酸钙（来自白泥）	6~10	其他	1~2
氧化钙	6~10	水	24~27

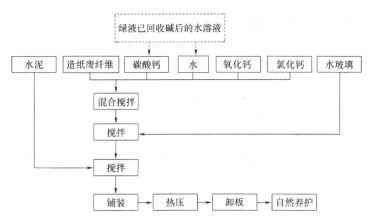

图 8－1－5　水泥复合板生产工艺流程

3. 碱回收白泥制造建筑用内墙涂料技术

（1）技术原理

为了提高填料级碳酸钙的白度，对其进行变速离心沉淀，去除其带有的水分，之后制成湿度约为40%的泥膏。再向其中加入以聚乙烯和水玻璃为主的基料，并配有少量的滑石粉、消泡剂、增白剂、增稠剂等，经过充分搅拌、过筛、制成106内墙涂料成品。

（2）原料配比及制备工艺

具体的内墙涂料原料配比如表8－1－2。

表 8－1－2　白泥内墙涂料的原料配比

白泥	15~25	六偏磷酸钠	0.1~0.2
大白粉	15~25	磷酸三丁酯	0.04~0.1
硅酸钠	16~22	磷酸铝	1.5~3
淀粉胶	0.2~0.4	荧光增白剂	0.04~0.08
轻质碳酸钙	4~6	水	加至100.0
尿素	2~4		

制备工艺：充分混合水、硅酸钠、尿素，使其均匀搅拌，将搅拌机的

速度提成高速，再加入淀粉。高速搅拌时间为 15～20min 时，缓慢加入白泥、大白粉；继续搅拌 20min，加入六偏磷酸钠；接着搅拌 30min，加入荧光增白剂和磷酸三丁酯；再搅拌 20～30min，加入磷酸铝和轻质碳酸钙。当上述所有原料都添加完毕，将其充分均匀搅拌至黏稠状涂料，并且带有一定黏度即可。

4. 碱回收白泥制备塑料填充剂

（1）制备原理

将白泥和 L—谷氨酸的合成物在高极性的二甲基亚砜作先驱层间交换剂的条件下进行深化合成，再加入 GA 合成物和 BA（丙烯酸丁酯）与合成过的白泥发生合成和聚合反应，制成白泥—聚丙烯酸酯（PBA）嵌入复合物，即改性白泥。改性白泥运用在 PVC 树脂行业中，对 PVC 的抗冲击性能、耐热性和绝缘性有了极大的改善，同时，向 SBS（丁苯三嵌段共聚物）中添加改性白泥做复合材料，可以明显增加 SBS 的抗冲击性能及耐热性能。

（2）原料配比及制备工艺

具体的塑料填充剂原料配比如表 8－1－3。

表 8－1－3　光降解塑料的原料配比

配方 1		配方 2		配方 3	
原材料	用量/质量份	原材料	用量/质量份	原材料	用量/质量份
LDPE（1F7B）	10	无规 PP	15	HDPE（MI：10－15）	25
白泥	85	白泥	85	白泥	70
铝钛复合偶联剂 OL－AT1618	1	铝钛复合偶联剂 OL－AT1618	1.5	稀土偶联剂 XL－A955	1.5
碳脂酸（HSt）	2	碳脂酸（HSt）	1	碳脂酸（HSt）	2
碳脂酸钙（CaSt）	1	碳脂酸钙（CaSt）	1	碳酸钙铁（FeSt）	1
光亮剂 XH－202B	1	氯化钾磷酸钙	0.1	光亮剂 XH－202B	1
1	尿素	0.1		缓释复合肥	0.1

制备工艺：加入铝钛复合偶联剂 OL – AT1618 活化白泥，将其作为基料，石油的副产品聚烯烃作为载体树脂，再加入光增感引发剂、生物活性促降剂、偶联剂和加工助剂，一起送入大长径比、高剪切双螺杆挤出机，经由机器挤出造粒制成。

8.1.2　造纸污泥的焚烧处理技术

1. 固态废弃物的焚烧处理技术

为了使资源地利用最大化，工业生产的固态废弃物应先选择回收利用，但对于难于利用或暂时无法利用的有机废物应当采取焚烧处理。表 8 – 1 – 4 给出了部分固体废物的分析值。

表 8 – 1 – 4　部分固体废弃物的分析价值

		树皮	硫酸盐浆污泥	亚硫酸盐浆污泥	纸机白水污泥	生物污泥	城市污水消化污泥
水分/%		55	65 ~ 75	65 ~ 75	70 ~ 75	88 ~ 92	70 ~ 75
灰分/%		5 ~ 7	3 ~ 7	3 ~ 7	45 ~ 50	12 ~ 15	32 ~ 60
发热量/（MJ/kg 绝干物）		17.6 ~ 20.1	17.8 ~ 18.8	17.8 ~ 18.8	10.5	18.8 ~ 21.8	8.37 ~ 14.2
元素含量/%	C	45.8	33.7	—	44.8	32.9	17.7
	H	5.8	4.5	—	6.5	3.5	2.5
	O	—	34.3	—	—	26.1	13.8
	S	0.1	0.2	1.52	0.6	0.9	0.6
	N	—	0.2	—	—	2.0	1.7
	CI	—	—	0.87	—	—	—
	不燃物	7.2	27.1	37.2	5.1	34.6	63.1

可以知道的是，焚烧固体废弃物可以做到减量化、无害化和资源化，具体分述如下。

（1）减量化。固体废物经过焚烧，可减重 80% 以上，减容 90% 以上，与其他处理技术比较，减量化是它最卓越的效果。

（2）无害化。与卫生填埋和堆肥所存在的潜在环境危害相比，其无害化特性具有明显优势。固体废物经焚烧，可以破坏其组成结构，杀灭病原菌，达到解毒除害的目的。

（3）资源化。固体废物含有潜在的能量，通过焚烧可以回收热能，并以电能输出。

2. 造纸污泥的焚烧前处理技术

（1）污泥脱水

处理造纸废水时会产生一些沉淀物、絮凝剂和其他类型的污染物，这些残留下来的物质统称为造纸污泥。造纸污泥在被焚烧，参与资源的综合利用之前，必须先进行浓缩、脱水和干燥。图8-1-6展示了污泥水分存在的形式，表8-1-5列举了一些常用的造纸污泥脱水方法。

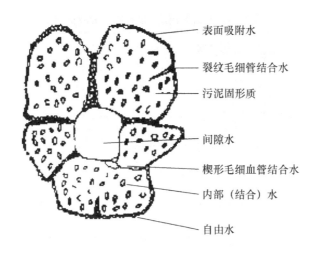

图 8-1-6　污泥水分存在形式

表 8-1-5　常用的脱水方法及效果

脱水方法		含水率/%	推动力	能耗 / （kW·h/m³）	脱水后 污泥状态
浓缩	重力浓缩 气浮浓缩 离心浓缩	95~97	重力 浮力 离心力	0.001~0.01	近似糊状

（续表）

机械脱水	真空过滤	60～85	负压		泥饼
	压力过滤	55～70	压力		泥饼
	滚压过滤	78～86	压力	1～10	泥饼
	离心过滤	80～85	离心力		泥饼
	水中造粒	82～86	化学、机械		泥饼
干化	冷冻、湿式氧化、热处理		热能		颗粒
	干燥	10～40	热能	1000	
	焚烧	0～10	热能		灰

通常情况下处理对造纸污泥进行脱水处理分为两段式，第一段尽量保证滤液量大且清澈，第二段施加较大的脱水动力，以获得较高的污泥浓度。具体的污泥脱水公司流程如图8-1-7所示。

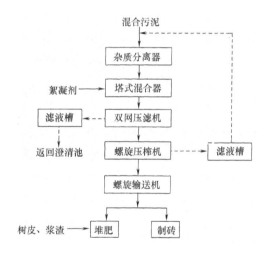

图8-1-7　某厂污泥脱水工艺流程

（2）污泥调理

为了提高脱水设备对造纸污泥的处理能力，使污泥的浓缩和脱水能力尽可能最大化，在污泥进行浓缩和物理脱水之前要进行污泥调理的预处理。即在污泥中加入适量的絮凝剂、助凝剂等化学药剂，使污泥颗粒絮凝，从而提高污泥的脱水性能。但是需要注意的是，絮凝剂的添加量要适当，一旦过量，会造成絮凝体分散，降低污泥的脱水性。

（3）污泥浓缩

污泥浓缩是除去污泥中的间隙水，缩小体积，为污泥的输送、脱水、利用与处置创造条件。污泥浓缩的设备有带式过滤机、滚筒浓缩机、浓缩池、浮选浓缩装置等。

（4）物理脱水

为了使污泥达到最大干度，要对污泥进行物理方式的脱水，即机械脱水。机械脱水的过程一般会用到过滤法、离心法、压榨法或以上方法综合使用。图8－1－8给出了使用带式压滤机的机械脱水工艺流程。

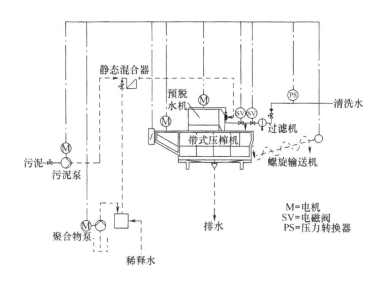

图8－1－8　带式压滤机的机械脱水工艺流程示意图

（5）污泥干燥

在焚烧污泥的过程中，为了保证操作稳定，同时方便污泥的运输，有必要对已经脱水完成的污泥的在再行一步干燥操作。表8－1－6详细地分类了干燥时物料的输送方式和加热方式以及对应使用的干燥装置。

表 8 - 1 - 6　干燥装置分类

干燥方式	形式	干燥装置
热风干燥法	热风输送型	喷雾干燥装置 气流干燥装置
	物料搅拌型	转筒干燥装置 多段圆盘干燥装置（多段炉） 沸腾干燥装置 槽沟式搅拌干燥装置
	物料输送型	热风式连续进出料干燥装置 热风式连续回转干燥装置 立式沸腾干燥器 箱式干燥器 隧道式干燥器
	蓄热球输送型	球式干燥器
热传导干燥法	物料搅拌型	槽沟式圆筒干燥器 装有蒸汽管道的回转式干燥器
	物料静置型	真空干燥器 冷冻干燥器
	圆筒型	鼓式干燥器 多段圆筒干燥装置
辐射加热法		红外线干燥器
高频加热法		高频干燥器

　　在选择合适的干燥装置时，要先保证污泥的充分脱水，因为干燥的费用远高于对污泥进行机械脱水的费用。图 8 - 1 - 9，展示了采用热风式连续进出料干燥活性污泥的装置。

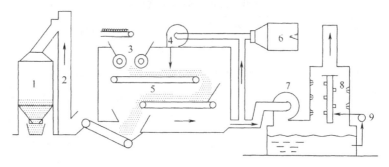

1—料仓；2—斗式输送机；3—成型机；4—送风机；
5—传送带；6—炉；7—引风机；8—水膜除尘器；9—水泵

图 8 - 1 - 9 活性污泥的热风式连续进出料干燥装置

3. 造纸污泥单独焚烧技术

造纸污泥进行单独焚烧时，要在流化床焚烧炉中进行，且要密切注意污泥中的水分含量。在不添加任何辅助燃料的情况下，要保证污泥中的水分含量最好在40%左右，不能超过50%，否则会造成流化床焚烧炉不能稳定燃烧。造纸污泥单独焚烧，其飞灰中 Zn、Cu、Pb、Cr、Cd 的含量分别为 295.8mg/kg，44.4mg/kg，28.9mg/kg，310.6mg/kg 和 0.36mg/kg，低于农用污泥中有害物质最高允许浓度。

4. 造纸污泥和造纸废渣与煤在循环流化床焚烧炉中的混烧

瓦楞纸板的生产多以回收的废旧包装箱作为制浆原料，因此在造纸过程中产生的固体废弃物除了造纸污泥外还包括了造纸废渣。其中，造纸污泥是造纸过程废水处理的终端产物，除含有短纤维物质外，还含有许多有机质和氮、磷、氯等物质；而造纸废渣中含有相当成分的木质、纸头和油墨渣等有机可燃成分。此外，两种废弃物中均含有重金属、寄生虫卵和致病菌等。为了使资源的利用达到最大化，可以通过加入煤三者混烧的方式，生产电能或热能。这种混烧的方式既能够确保稳定燃烧，充分利用热能，还可以很大程度上将资源二次利用，减少了焚烧炉的建设成本和投资。

表 8 - 1 - 7 展现了煤、污泥和废渣的分析数据，图 8 - 1 - 10 介绍了尚在实验中的混烧流化床焚烧炉的工作原理。

表 8-1-7　煤、污泥和废渣的分析数据（收到基）

项目		污泥	废渣	烟煤
元素分析	C	7.49	24.88	57.24
	H	1.00	2.21	3.77
	O	8.90	10.38	8.06
	N	0.35	2.00	.11
	S	0.18	0.00	1.15
工业分析	水分	74.00	59.00	3.00
	挥发分	15.45	38.28	38.96
	灰分	8.27	1.53	25.67
	固定碳	2.28	1.19	32.37
低位热值/（MJ/kg）		1.17	7.66	23.81

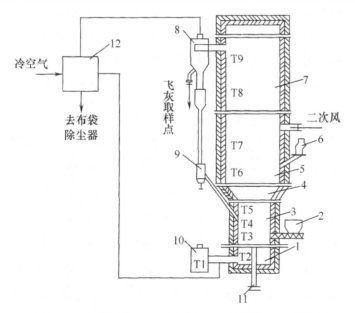

1—风室；2—加煤系统；3—密相区；4—过渡段；5—稀相区；
6—废弃物加料器；7—稀相区；8—旋风分离器；9—返料器；
10—启燃室；11—排渣装置；12—换热器；T1～T9—各测温点的位置

图 8-1-10　试验台流化床焚烧炉的工作原理

8.1.3 污泥制备沼气技术

沼气是一种可燃性气体，是通过微生物作用在有机物上，使其在一定的环境条件下（包括温度、湿度、酸碱度等，同时隔离空气），进行发酵分解，最后生成的一种的生物质能源，具有环保无污染的特点。沼气的主要成分是甲烷和二氧化碳。

利用造纸污泥制备沼气最常用的方法就是厌氧消化法，这是目前应用最广泛，发展最稳定的污泥制备沼气的化学工艺。污泥消化是废水生物处理系统中是必不可少的一环，两者结合才构成完整的废弃物处理系统，彻底净化废弃物中的有害有机物，在制备沼气的过程中，才不会对环境造成二次污染。

1. 污泥制备沼气技术原理

污泥的厌氧消化大致可以分为两个阶段：酸性消化和碱性消化，如图 8-1-11。在总体来说就是在污泥中生长有厌氧菌菌群，厌氧菌生活在无氧的环境下，可以杀死污泥中的病菌、寄生虫卵，并且将其中包含的有机物分解气话形成稳定物质，使污泥中的有害物质达到减量和无害化。其中，酸性消化阶段其主要作用的厌氧菌是产酸菌，这是一种兼性厌氧菌；而在碱性阶段其主要作用的是甲烷菌，这是一种专性厌氧菌。

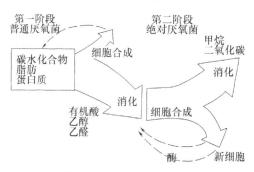

图 8-1-11　污泥厌氧菌消化两阶段示意图

2. 污泥厌氧消化工艺流程

在现代工业中，利用污泥制备沼气已经得到研发并成功应用在工业上的厌氧消化的基本工艺有四种，即低负荷、高负荷、厌氧接触和分相消化等。

（1）低负荷消化

污泥的低负荷消化市是最早使用的厌氧消化的传统工艺，也可以称作普通或标准的厌氧消化。稳定初沉淀的污泥几乎不用低负荷消化。如图 8 - 1 - 12 所示，低负荷的主要操作的装备是一个无法混合，并基本没有加热功能的消化池。当污泥进入消化池后，通常会分为四个部分，即浮渣层、上清液层、活性消化污泥层和稳定污泥层。消化池中要定期排出上清液和稳定后的污泥。但是在消化池内环境条件难以得到很好的控制，造成了消化过程的不稳定。

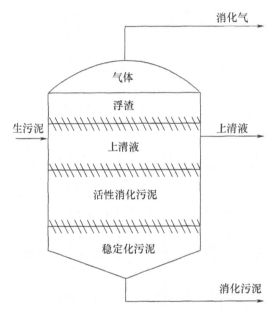

图 8 - 1 - 12　低负荷厌氧消化系统

（2）高负荷消化

高负荷厌氧消化是在低负荷消化工艺的基础上发展起来的，一般情况下在中等温度的操作环境下进行工作，有时也用在高温环境内。通过对消化池进行较为合理的设计，可以使得在消化池内的大部分区域都在统一条件下进行工作，保证了消化过程的稳定性。实验研究证明，高负荷消化工艺可以控制消化池内的环境条件，通过加热和搅拌，确保了进料量的稳定，明显改善了对病原微生物的杀灭效果。但是高负容易使得污泥过分浓缩，难以在消化池内混合，对毒物或负荷引起的冲击更加敏感。具体的工艺流程如图 8 - 1 - 13 所示。

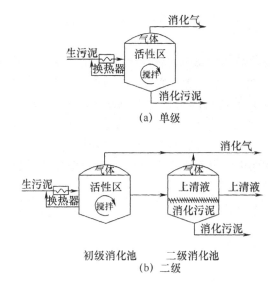

(a) 单级

(b) 二级

图 8 - 1 - 13　高负荷厌氧消化系统

（3）厌氧接触消化

厌氧接触工艺相当于完全混合式活性污泥厌氧工艺。它起初用于高浓度溶解性废物的初步稳定化。消化污泥连续从消化池排出，部分回流至人口。由于厌氧消化污泥浓缩困难，因此厌氧接触工艺极少用于城市污水处理厂污泥的消化。具体的工艺流程如图 8 - 1 - 14 所示。

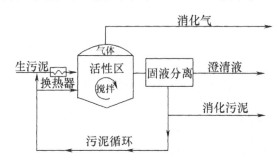

图 8 - 1 - 14　厌氧接触消化系统

（4）分相消化

分相消化即按厌氧消化的原理，使消化过程的两个阶段分别在两个消化池内进行，水解和酸化阶段在一个池中进行，甲烷化阶段在另一个池中进行。这一过程已在中试规模上得到验证，也已用于大规模污水处理厂的污泥消化。分相消化过程可以减小消化池总体积，但基建费用和操作费用会有所增加。具体的工艺流程如图8-1-15所示。

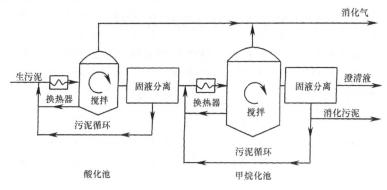

图8-1-15 分相消化系统

3. 污泥制备沼气注意事项

污泥厌氧消化制备沼气，既缓解了造纸污泥对环境的危害，又生产出一种无污染的能源。在污泥消化的过程中有一些问题需要注意。

（1）气体的收集与贮存

污泥消化的过程中会产生消化气，可以收集起来提供作燃烧所用。但是在消化的过程中为了避免因消化气过多造成臭味气体泄露，或许更严重时与空气混合引起爆炸，在消化气的收集和分配时中必须保证系统的压力是正压。因此要求所设计的气体贮槽、管路和阀门等在消化污泥体积变化时，应能使消化气被吸入，而不会被空气置换。

（2）去除硫化氢

消化气中含有的"臭气"——H_2S的浓度和污泥的组成有关，一般在$150\sim3000\ cm^3/m^3$的范围内，有时更高。H_2S是带有强烈臭味的有毒气体，若收集的消化气中H_2S的含量过高，在燃烧时会对空气造成严重危害。因此，为了使消化气燃烧后的产生的烟气达到国家规定的废气排放标准，必须在收集消化气时去除H_2S。

8.1.4 污泥生产肥料及土壤改良剂技术

利用污泥来生产土地肥料，或者生产土壤改良剂，是污泥在土地利用上的一种积极、有效的废弃物处理方式。污泥中含有丰富的有机质和营养元素以及植物生长所必需的各种微量元素，制成的土地肥料或土壤改良剂可以用于园林、绿化、林业、农业或贫瘠地等受损土壤的修复及改良等。

1. 污泥生产肥料及土壤改良剂技术原理

污泥在用来生产土地肥料及土壤改良剂之前，需要先进行稳定化和无害化的处理。其中，堆肥法是常用的处理方式之一，即在好氧条件下，利用细菌或别的微生物对污泥中的有机物进行降解，得到的产品，即腐殖土，再加以利用。堆肥法适合用于处理生物污泥和一级澄清池的污泥。

堆肥法使用的基本原则要求堆肥所用物料要含有恰当的水分，在适宜的温度下，并且可以接触到充足的氧气。通常情况下要求，堆肥物料应保持不低于30%的水分，但是水分含量也不能超过60% ~75%；保持污泥在堆肥时稳定的最佳温度是50℃ ~60℃，pH 为中性或微酸性。污泥和支撑物的碳氮比应为（25 ~50）:1。对污泥而言，一般必须以尿素的形式补充氮。污泥的磷含量一般是足够的，碳磷比应为100:1。

2. 堆肥处理

污泥的堆肥处理一般可分为机械法或堆垛法，其中机械堆肥法可分为 Dano 生物稳定器法、BAV 反应器法、层状混合法等。

（1）Dano 生物稳定器法

Dano 生物稳定器法采用的是长形圆鼓状稳定器，其转速仅为 6 ~60r/min。在进行堆肥操作时，利用与鼓等长，且沿鼓安装的喷嘴将空气通入圆鼓中部，保持圆鼓中部的温度在60℃ ~65℃之间，最后在分离器尾端排出污泥混合物。污泥混合物通过整个鼓的时间为 3 ~6 天，堆肥后的污泥经筛选后储存备用。

（2）BAV 反应器法

BAV 反应器法对混合污泥的效果良好，如与锯末、树皮或其他类似物等混合。BAV 反应器主要由混合装置和通风反应器各一个组成。通风前，将若干成品、污泥、添加剂混合，然后将混合物送入通风反应器的顶部，空气从下部通入，成品储存备用。

（3）层状混合法

将污泥混合物先送入堆肥器的顶部，然后逐层向下移动。空气则从下部进入，然后从底部排出污泥堆肥。

（4）堆垛堆肥法

将的污泥和树皮等其他物料的混合物成层铺开，形成基底宽 3 ~ 6m，高 3 ~ 4m 的堆垛（断面为半平行四边形）。间隔几星期利用铲车或其他特种器械混合翻动一次即可。堆垛中心部位温度可达 55 ~ 70℃，一般约 55℃。利用插入堆垛中间的管子抽风或鼓风，可减少对物理混合的需要，加速分解过程，使堆垛堆肥法的效果更好。它比其他的堆肥法占地少。堆肥结束后的成品碾碎过筛备用。

3. 堆肥注意事项

在使用堆垛法处理污泥时，要注意保持垛内具有充足的氧气，否则会有很难闻的气味产生，对空气造成污染。

8.1.5　造纸污泥的其他资源利用技术

对污泥进行资源化利用，还可以用来生产轻质节能砖、进行热解气化造能，填料制造，饲养蚯蚓等。

1. 造纸污泥生产轻质节能砖

造纸污泥可以用来生产轻质节能转，可以创造环保节能的社会效益和经济效益。在生产过程中，利用污泥中有机纤维高温灼烧时产生到的热量以及燃烧后留下的微小气孔，可以在很大程度上节约生产所需的能耗。有研究人员直接采用当地的造纸污泥和页岩土进行小试和中试，掌握了大比例掺和造纸污泥制成轻质节能砖的新技术，其各项指标均达到国家标准，并具有明显的节能特性，质量比普通砖轻 25%，热导系数低 33%。

2. 污泥热解气化技术

造纸污泥中含有的很多有机成分使其内部具有很多可回收利用的能量，如盐类物质、木质素、糖类等。采用热解气化技术，可以将品质不高的造纸污泥回收利用，将其转化为工厂锅炉使用的可燃气体，不但节省了自然能源，还解决了环境污染问题。热解气化回收污泥中能量，需要在高温下进行，即氧气的通入温度要在 1000 ~ 1400℃，空气的通入温度要在 900 ~ 1100℃。

3. 造纸污泥制造填料

在制浆造纸工业中，湿式氧化可用于裂解废水处理系统的污泥，同时可回收污泥中所含有的瓷土。引入制浆造纸工业的第一套 Zimpro 湿法氧化系统于 1978 年在瑞士投产。约 90% 的污泥在处理过程中被燃烧，然后再经过一个单独的工段回收瓷土。目前至少有 4 个 Zimpro 法湿式氧化系统在制浆造纸工业中运行。在这些系统中，污泥和空气经过热交换器泵入压力反应器，在 200～300℃ 和 12.0～15.0MPa 下发生氧化作用。水液离开反应器，经由热交换器进入一个分离装置，在这里固形物和气体得以分离。图 8-1-16 为湿式氧化的流程图。

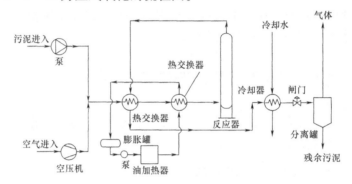

图 8-1-16　湿式氧化流程工艺图

4. 造纸污泥饲养蚯蚓

制浆造纸厂中澄清池产生的污泥充满纤维，向其中添加一定的牛粪或鸡粪以及树皮、浆节等可以用作饲养蚯蚓的饲料。饲养的蚯蚓本身可以用来饲养鱼类，且蚯蚓的粪便还可以改良土壤。表 8-1-8 为利用蚯蚓处理造纸污泥的预期效果。

表 8-1-8　利用蚯蚓处理造纸污泥

	4 个月后	8 个月后	12 个月后	16 个月后
蚯蚓数量（10 万条）	100 万	1000 万	1 亿	10 亿
饲料量（1500kg/月） （含水 80% 的污泥占 70%）	15t	150t	1500t	15000t
粪量（7500kg/月） （回收 50% 的饲料）	7.5t	75	750t	7500t
占地面积（4m²） （每 10 万条，约需要 4）	40m²	400m²	4000m²	利用空间

8.2　制浆造纸固体废弃物资源化利用
需完善的先进技术

8.2.1　造纸污泥制备活性炭技术

　　造纸污泥中含有丰富的有机碳成分，具备被加工成含炭吸附剂的条件，在一定的高温无氧条件下，可以造纸污泥为原料制备含碳吸附剂。国内外学者对造纸污泥制备含炭吸附剂的方法及应用进行了一些实验研究。其中化学活化法制备所得的污泥吸附剂的吸附性能最好。在化学活化法中活化剂的种类、浓度、热解温度、热分解时间、加热速度等对吸附剂性能有较大的影响。由于造纸污泥中含有金属物质，使其不仅可以作为吸附剂，同时也是良好的催化剂。在气相中去除 H_2S，液相中去除重金属、色度和其他有机物的应用中均取得了一定的效果。

　　有报道美国依利诺斯技术研究所成功研制出用造纸污泥生产活性炭和催化剂的炭载体材料。在一定的温度下，经过干燥、碾磨处理的造纸污泥与氧化锌混合均匀进行化学活化，氧化锌通过与加热降解的纤维素结合，形成一种多孔结构，氧化锌也可以被用作干燥剂来促进分解含炭材料。再使用紫外线和水蒸气对活化后的多孔材料进行处理，使其表面氧化，然后在 8000℃氮气下热解得到产品。这项技术将废物转化为有用产品，成本较传统活性炭生产工艺相比更低，有巨大的环境和经济效益。造纸污泥制造活性炭，当氯化锌量增加，活性炭的孔隙率随之增加，最多可达80%。

8.2.2　造纸污泥生产生化纤维板技术

　　纤维板是由木质纤维素纤维交织成形并利用其固有胶黏性能制成的人造板，具有材质均匀、纵横强度差小、不易开裂等优点。人造纤维板工业快速发展所面临的主要问题就是原料的供应问题。用非木材原料生产人造板成为解决原料紧缺的有效途径，污泥在碱处理后可以作为胶凝原料成为制备纤维板的原料，且由于采用的是生化处理后的污泥，所以也称生化纤维板。一般用污泥制成的生化纤维板，其物理力学性能可以达到国家三级硬质纤维板标准，能用来做建筑材料或家具，也可做包装板、音箱板等。

这种人造纤维板材，因其制造成本低而具有较强的市场竞争力。

污泥制生化纤维板的原理，主要是利用活性污泥中所含的粗蛋白（约占30%~40%）与球蛋白能溶解于水及稀酸、稀碱、中性盐的水溶液的性质。在碱性条件下，将其加热、干燥、加压后，会发生一系列物理和化学性质的改变。利用这种蛋白质的变性作用，制得活性污泥树脂（又称蛋白胶），再与经漂白、脱脂处理的废纤维胶合起来，压制成板材，即生化纤维板。

活性污泥的变性反应过程主要分如下两步。

1. 碱处理

在污泥碱处理过程中，污水污泥中加入氢氧化钠或氢氧化钙，蛋白质可在稀碱溶液中生成水溶性蛋白质钠盐或不溶性易凝胶的蛋白质钙盐。通过这一反应，可以延长污泥树脂的活性期，破坏细胞壁，使胞腔内的核酸溶于水，以便去除由核酸引起的臭味，并洗脱污泥中的油脂。该反应完成后的黏液不会凝胶，只有在水分蒸发后才能固化，以提高污泥树脂的耐水性、胶着力和脱水性能。

2. 脱臭处理

污泥含有大量的有机物，在堆放过程中，由于微生物的作用，常常散发出恶臭。为消除恶臭，也为了进一步提高污泥树脂的耐水性与固化速度，可加入少量甲醛，甲醛与蛋白质反应生成氮次甲基化合物。

生化纤维板的制造工艺可分为污泥预处理（浓缩）、树脂调制（碱处理）、填料处理（预处理）、搅拌、预压成形、热压和后续处理7个工序，具体介绍如下。

（1）污泥预处理。即脱水，污水含水率要求降至85%~90%。

（2）树脂调制。污水污泥树脂装入反应器搅拌均匀，通入蒸汽加热至90℃，反应20min，在加入石灰并保持温度为90℃的条件下反应40min即成。同时，可在调制中投加碱液、甲醛及混凝剂（如硫酸亚铁、硫酸铝、聚合氯化铝）等，必要时还可加一些硫酸铜以提高除臭效果或加水玻璃以增加树脂的黏滞度与耐水性。

（3）填料处理。填料可采用麻纺厂、印染厂、纺织厂的废纤维（下脚料），为了提高产品质量，一般应对上述废纤维进行预处理。预处理的方法是将废纤维加碱蒸煮去油、去色，使之柔软，蒸煮时间为4h，然后粉碎以使纤维长短一致。

（4）搅拌。将活性污泥树脂（干重）与纤维按质量比2.2:1混合，搅拌均匀，其含水率为75%～80%。

（5）预压成形。拌料应及时预压成形，以免停放时间过久而使脱水性能降低。1min内压力自1.372MPa提高至2.058MPa，稳定4min后即成形，湿板坯的厚度为8.5～9.0mm，含水率为60%～65%。

（6）热压。采用电热升温，使上下板温度升至160℃、压力为3.43～3.92MPa，稳定时间为3～4min，然后逐渐降至0.49 MPa，让蒸汽逸出，并反复热压过程2～3次。板坯经热压后，水分被蒸发，致使密度增加，机械强度提高，吸水率下降，颜色变浅。如果湿板坯直接自然风干，可制成软质生化纤维板。

（7）后续处理最后的后续处理工序是对制成的生化纤维板实施裁边整理，即可得成品。

8.2.3 造纸污泥制乳酸

乳酸是最简单、光敏感的羟基酸，通常存在于哺乳动物、植物、微生物中，作为防腐或增味剂之一在食品工业广泛使用。乳酸可聚合成聚乳酸或者其他共聚物，并具有高强度、热塑性、可生物降解等性能，乳酸也可用于生产其他的一些有机酸。由于造纸污泥中有较高比例的碳水化合物，具有生物处理敏感性，可作为生物转换生产乳酸的原材料，转换过程涉及碳水化合物（纤维素和半纤维素）的酶糖化和乳酸杆菌发酵糖类使其转化为乳酸。研究表明，造纸污泥的一段污泥含超过60%纤维类碳水化合物、约20%左右的木质素和大约1%的灰分，无须预处理，酶消化率便可高达70%。纤维素在糖化和发酵同时进行情况下先转化为葡萄糖，然后形成乳酸。利用纤维素酶和乳酸杆菌进行各种温度、pH和营养盐浓度下的实验，乳酸的转化率（g乳糖/g－葡萄糖）高达90%以上，伴随有少量的醋酸副产品形成。

为了加快制浆造纸固体废弃物的资源化利用，要加快对以下几方面的研究。

（1）固体废弃物的高值资源化新技术研究。

（2）过程元素对固体废弃物资源化利用的影响研究。

（3）固体废弃物资源化利用的生态影响研究（包括潜在的毒性和脱毒研究）。

（4）固体废弃物与下游产业形成的循环系统研究。

（5）固体废弃物资源化利用的配套设备和自控系统研发。

（6）低固体废弃物生产技术研究。

参考文献

［1］中国造纸协会，中国造纸学会. 中国造纸工业六十年［M］. 北京：中国轻工业出版社，2013.

［2］中国造纸学会. 中国造纸年鉴［M］. 北京：中国轻工业出版社，2014.

［3］潘吉星. 中国造纸史［M］. 上海：上海人民出版社，2009.

［4］卢谦和. 造纸原理与工程［M］. 北京：中国轻工业出版社，2004

［5］何北海. 造纸过程与原理［M］. 北京：中国轻工业出版社，2017.

［6］何北海，卢谦和. 纸浆流送与纸页成形［M］. 广州：华南理工大学出版社，2002.

［7］石淑兰，何福望. 制浆造纸分析与检测［M］. 北京：中国轻工业出版社，2017.

［8］杨淑慧. 植物纤维化学［M］. 北京：中国轻工业出版社，2011.

［9］谢来苏. 制浆原理与工程［M］. 北京：中国轻工业出版社，2001.

［10］刘忠. 制浆造纸概论［M］. 北京：中国轻工业出版社，2015.

［11］胡开堂. 纸页的结构与性能［M］. 北京：中国轻工业出版社，2006.

［12］汉努·抛拉普洛著，刘温霞，于得海等译. 造纸 I ——纸料制备与湿部［M］. 北京：中国轻工业出版社，2016.

［13］陈克复. 中国造纸工业绿色进展及其工程技术［M］. 北京：中国轻工业出版社，2016.

［14］刘焕彬. 纸浆性质软测量原理与技术［M］. 北京：中国轻工业出版社，2009.

［15］刘仁庆. 干法造纸纵横谈［J］. 纸和造纸，2005（5）.

［16］陈克复. 我国造纸工业绿色发展的若干问题［J］. 中华纸业，2014（7）.

［17］李广胜，刘士亮. 硬杂木浆、竹浆中浓打浆配抄静电复印纸的生产应用研究［J］. 陕西科技大学学报，2005（4）.

［18］刘士亮. 麦草浆中浓打浆抄造生活用纸的生产实践［J］. 中国造纸，2006，25（5）.

［19］张潜，胡妍. 大纸机成长论［J］. 纸界，2014（3）.

［20］张辉. 造纸业能耗与当今可推广的先进节能技术与装备［J］. 中华纸业，2012（22）.

［21］樊会娜，李飞明，伍忠磊. 玖龙纸业：废纸造纸污泥的干化焚烧技术创新实现废物资源化利用［J］. 中华纸业，2012（5）.

［22］刘成良，等. 不同废纸脱墨制浆性能的研究［J］. 中国造纸，2012（05）.

［23］刘士亮，曹国平，雷利荣等. 中浓打浆在高强牛皮箱纸板中的应用及机理分析［J］. 中国造纸，2004（9）.

［24］王耀，郭徽，马晓东等. Fenton 氧化法在造纸废水处理中的应用［J］. 中国造纸，2014（2）.

［25］苏河山. 农作物秸秆清洁制浆及综合利用新技术［J］. 中华纸业，2013（4）.

［26］孙鹤章，姚松山. 造纸毛毯和成形网的化学清洗［J］. 四川造纸，1997（3）.

［27］刘晋恺，时孝磊，胡洪营. 制浆造纸废水絮凝/Fenton 深度处理工程应用的技术经济性分析［J］. 中华纸业，2014（12）.

［28］陈庆蔚. 废纸处理设备的新进展［J］. 中华纸业，2005（2）.

［29］傅红兵，白海浪. 造纸废水处理后污泥的特性及利用［J］. 中国科技信息，2013（16）.

［30］何翔. 制浆造纸废水处理全面达标技改工程及运行总结［J］. 中华纸业，2013（14）.

［31］房桂干. 制浆造纸废水现代处理技术比较［J］. 江苏造纸，2012（3）.

［32］肖靓，孙大琦，等．废纸造纸废水处理技术的研究进展［J］．水处理技术，2016（01）．

［33］王春，平清伟，等．制浆造纸废水处理新技术［J］．中国造纸，2015（02）．

［34］王永伟．成形网的结构与制造对其性能影响的研究［D］．西安：陕西科技大学，2003.

［35］柳波．改善新闻纸表面强度的工艺研究［D］．广州：华南理工大学，2009.